计算机教学模式与策略探究

席桂花　著

中国原子能出版社

图书在版编目（CIP）数据

计算机教学模式与策略探究 / 席桂花著. --北京：
中国原子能出版社，2024.5

ISBN 978-7-5221-2448-3

Ⅰ. ①计⋯　Ⅱ. ①席⋯　Ⅲ. ①电子计算机–教学模式
–研究　Ⅳ. ①TP3-42

中国国家版本馆 CIP 数据核字（2024）第 058165 号

计算机教学模式与策略探究

出版发行　中国原子能出版社（北京市海淀区阜成路 43 号　100048）
责任编辑　刘　佳
责任校对　冯莲凤
责任印制　赵　明
印　　刷　北京九州迅驰传媒文化有限公司
经　　销　全国新华书店
开　　本　787 mm×1092 mm　1/16
印　　张　10.75
字　　数　224 千字
版　　次　2024 年 6 月第 1 版　2024 年 6 月第 1 次印刷
书　　号　ISBN 978-7-5221-2448-3　　定　价　**72.00** 元

前　言

　　计算机科学与技术的迅速发展已经深刻地改变了我们的生活方式和工作方式。随着计算机技术的不断演进，教育领域也面临着前所未有的机遇和挑战。本书旨在探讨计算机教学模式与策略的重要性，以帮助教育者更好地利用技术来提高教育质量，培养学生的计算机技能和创造力。

　　学生在信息丰富的环境中成长，他们对于计算机和互联网的依赖已经不可避免。因此，教育者需要不断更新教学方法，以满足学生的需求，并确保他们具备相应的计算机技能。本书将深入研究各种计算机教学模式与策略，为教育者提供丰富的选择，使教学更具灵活性。当然，传统课堂教学依然是一个重要的组成部分，但需要与现代技术结合，例如利用互动白板、教学软件和在线资源来增强学习体验。我们将深入探讨在线教育的崛起。随着网络的普及和技术的进步，学生可以通过在线平台获取课程，不受地理位置的限制。这为教育者提供了全新的教学机会，但同时要面对在线学习的挑战，如如何保持学生的参与度和互动性协作学习。通过促进学生之间的合作和交流，教育者可以培养团队合作精神和解决问题的能力。这种模式可以通过在线协作工具和项目来实现，为学生提供实际应用的机会。

　　个性化教学是针对学生个体差异制定的一种教学方法，通过定制化的教学内容和进度，满足不同学生的学习需求。多样化技术工具可以帮助教育者更好地了解学生的学习风格和兴趣，从而提供更有针对性的教育。项目导向学习强调实践和解决实际问题，培养学生的创造力和解决实际挑战的能力。教育者可以通过设计和引导项目来激发学生的兴趣和动力，使学习更具深度和实用性。本书将深入研究这些模式和策略的原理、设计和实施方法，并提供实用的建议和案例研究，以帮助教育者更好地应对不断变化的教育环境。通过结合传统和现代的教学方法，教育者可以更好地满足学生的需求，培养他们在计算机领域蓬勃发展的社会中掌握必备的技能和素养。

目 录

第一章

计算机教学的演变与趋势

第一节　计算机教育历史概览

一、早期引入计算机（20 世纪 40—50 年代）

在计算机教育历史的早期阶段，计算机的引入标志着人类社会迈入了一个科技变革的新时代。这个时期是计算机技术的起源和初步发展阶段，计算机作为一种强大的工具，最初被应用于军事和科学领域。随之而来的是对计算机教育的初步探索，旨在培养专业人员以应对这一新兴领域的需求。20 世纪 40 年代，世界上第一台电子数字计算机诞生。ENIAC 作为世界上第一台大规模电子计算机，于 1946 年启动。ENIAC 的诞生催生了计算机时代的来临，也在一定程度上成为计算机教育的开端。初期的计算机教育主要集中在大学和研究机构，这些机构致力于培养熟练掌握计算机操作和编程技能的专业人才。随着计算机的不断发展，20 世纪 50 年代诞生了第一代计算机语言，如 Fortran，为程序员提供了更高层次的抽象语言，使得编程变得更加便捷。这一时期，计算机教育逐渐从机械化的操作向计算机程序设计的学习过渡，培训人员开始关注如何有效地利用计算机进行科学和工程计算。在这个时期，计算机教育的一个重要方面是培养人们对计算机的基本认识。由于当时计算机还相对庞大且昂贵，学生们需要学会使用大型计算机进行数值计算和科学实验。这种培训主要以硬件为主，包括计算机的结构、工作原理及基本的机器语言编程。与计算机硬件相关的数学也成为计算机教育的一部分。学生需要掌握涉及二进制系统、逻辑运算等方面的基本数学概念，以便更好地理解计算机内部的运作机制。正如当时的计算机一样，这一时期的计算机教育还相对狭窄，主要集中在少数高校和研究机构。计算机教育的发展虽然缓慢，但为后来计算机技术的普及和计算机科学教育的进一步发展奠定了基础。这一时期的经验教训对于后来计算机教育更广泛、更深入的发展起到了积极的推动作用。

二、个人计算机的兴起（20 世纪 70—80 年代）

在计算机教育历史的演进中，20 世纪 70—80 年代标志着个人计算机的兴起，这一时期对计算机科学和技术的普及产生了深远的影响。个人计算机的问世使得计算机不再局限于大型机构和实验室，而开始进入普通家庭和学校，从而催生了计算机教育的新篇章。20 世纪 70 年代初，个人计算机的兴起主要受到两个重要事件的推动。首先是 1971 年，英特尔推出了世界上第一款微处理器 Intel 4004，标志着计算机硬件的微型化和个人计算机时代的来临。其次是 1977 年，苹果公司推出了第一款个人计算机 Apple Ⅱ，这是一台预装了基本操作系统和可使用软件的个人计算机，为学校和家庭提供了更为方便的计算机使用方式。这一时期的计算机教育着重于使个人计算机技术普及化，使更多的人能够理解、操作和利用计算机。学校和教育机构开始引入计算机科学课程，着眼于培养学生的计算机操作和编程技能。这些课程通常包括基本的计算机硬件知识、操作系统的使用，以及一些简单的编程概念。个人计算机的兴起催生了计算机编程语言的发展，例如，BASIC 语言成为初学者学习编程的理想选择。学生们可以通过编写简单的程序，亲身体验计算机的逻辑和运行方式，从而培养了计算思维和解决问题的能力。此外，学校纷纷建立了计算机实验室，为学生提供了实践操作和编程的机会。这些实验室通常配备了个人计算机，使学生能够在学校环境中更自由地探索计算机科学领域。个人计算机的兴起还催生了一系列教育软件和多媒体学习工具。这些工具使得学生能够通过图形界面和互动式学习方式更轻松地理解抽象的计算机概念，从而提高了计算机教育的趣味性和效果。20 世纪 70—80 年代是计算机教育中一个关键的时期，个人计算机的兴起推动了计算机科学教育的普及，为更广泛的人群提供了学习计算机技术的机会，为后来计算机教育的发展奠定了基础。

三、计算机网络和互联网时代（20 世纪 90 年代—21 世纪初）

20 世纪 90 年代—21 世纪初，计算机教育迎来了计算机网络和互联网时代，这一时期的变革标志着信息和通信技术的巨大飞跃。随着互联网的商业化和普及，计算机教育焕发出新的生机与活力，使学习和教学的方式发生了深刻的改变。计算机网络和互联网的普及使得学校和教育机构能够更广泛地使用和整合计算机技术。教育者开始将计算机网络引入课堂，从而实现学生之间、学生与教师之间，以及学校与学校之间的实时通信和资源共享。这种互联性的提升为学校提供了更多的教学资源和拓展学科知识的机会。在线教育（见图1-1）成为亮点，学生不再受制于地理位置，可以通过互联网参与远程学习（见图1-2）。教育机构开始建设在线学习平台，提供各种课程，内容涵盖基础知识及各类高级专业技能。这一时期见证了大规模开放在线课程（以下简称"慕课"）的兴起，它们使得世界各地的学生都能够获得高质量的计算机科学教育。互联网的商业化也催生了大量的教育软件和应用，为学生提供了更加个性化和互动性的学习体验。计算机辅助教育工具和多媒体资源的丰富化，使得学生能够通过图像、视频和互动模拟更直观地理解抽象概念，从而提高了学习的效果。这一时期还见证了计算机科学课程在学校中的普及。越来越多的学校将计算机科学纳入课程体系，不仅仅关注计算机操作，更注重培养学生的计算思维、问题解决和创新能力。编程教育（见图

养了他们的逻辑思维和创造力。在这个时期，学校的教育管理系统也逐渐数字化，采用网络技术进行信息管理和教学资源的统一分发。这为学生和教师提供了更为便捷和高效的学习和教学环境。计算机网络和互联网时代为计算机教育带来了前所未有的机遇和挑战。教育者不仅要关注计算机技术的应用，更要深入思考如何利用互联网平台（见图1-4）提高教育的质量，培养学生的综合素养，使其更好地适应信息社会的发展。

图1-1　在线教育

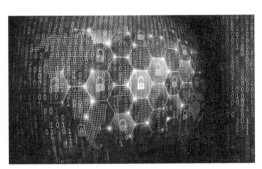

图1-2　互联网参与远程学习

图1-3　编程教育

图1-4　互联网平台

四、编程教育的崛起（21世纪10年代至今）

进入21世纪，计算机科学的快速发展引领着教育领域迎来新的挑战和机遇。特别是从21世纪10年代开始，编程教育成为计算机教育中的重要焦点，引发了一场全球性的编程教育运动。这一时期的编程教育的崛起标志着学生们不再仅仅是计算机科学专业的学习者，而是更广泛地培养计算思维和解决问题的能力。在过去的几年里，全球范围内推动编程教育的倡议取得了显著的进展。许多国家纷纷将编程纳入学校的课程体系，致力于培养学生的计算思维、创造力和解决问题的能力。这一倡议的核心理念是，编程不仅是为了培养未来的软件开发人员，更是为了让学生更好地理解和应用计算机科学的基本原理。编程教育的崛起得益于一系列易学易教的编程语言和工具的出现。例如，Scratch 是一种以图形化方式进行编程的工具，它降低了学习曲线，使得年幼的学生也能轻松入门。类似的工具如 Python、JavaScript 等也因其简洁易懂的语法和广泛的应用领域而成为编程初学者的首选。除了传统的编程语言外，还出现了一系列专注于教育的编程平台和应用。这些平台通常提供互动式的学习环境，让学生通过实际操作来编写和运行代码，从而更好地理解编程的概念。这种学以致用的学习方式使得编程教育更加生动有趣，激发学生的学习兴趣。编程教育的另一个亮点是强调实际问题解决和项目导向学习。学生通过参与项目，如编写小型程序、开发简单的游戏或者解决实际问题，不仅能够锻炼编程技能，更能够培养解决实际挑战的能力。这种实践性的学习方式有助于学生将抽象的编程概念与实际应用相结合，提高他们的创造性和创新能力。随着计算机科学在社会各个领域的日益普及，编程教育已经成为终身学习的一部分。从基础学校到高等教育，再到职业培训，人们越来越认识到编程技能对个人和社会的发展至关重要。因此，编程教育的范围不断扩大，包括了更广泛的人群，不仅仅是计算机专业的学生，而是任何对计算机科学感兴趣的人。在互联网的帮助下，编程教育变得更加开放和自由。在线编程学习平台如 Codecademy、Coursera、edX 等为学生提供了随时随地学习的机会，消除了时间和地理位置的限制，推动着编程教育的全球化。编程教育快速发展的同时，也面临一些挑战。其中之一是确保教育资源的平等分配，让更多地区和学生能够享受到编程教育的益处。另一个挑战是如何持续提供高质量的编程教育，确保学生不仅能够编写代码，更能够理解计算机科学的核心概念。编程教育的崛起是计算机教育领域的一项重大变革。它不仅改变了学生学习计算机的方式，更强调了计算思维和解决问题的重要性，为培养创新人才和适应数字化时代的需求提供了有力支持。

五、在线学习平台和慕课（21 世纪 10 年代至今）

自 21 世纪 10 年代以来，计算机教育迎来了一场革命性的变革，即在线学习平台和慕课的兴起。这一时期见证了教育领域向数字时代的迅速过渡，学习的方式和途径发生了根本性的改变，使得知识和技能的获取变得更加灵活、全球化，也为更多人提供了接受高质量教育的机会。在线学习平台的崛起使得教育不再受限于传统的教室环境。Coursera、edX、Udacity 等在线学习平台通过互联网连接了世界各地的学生和顶尖大学的课程。这种全球范围内的学习机会打破了地理位置的限制，使学生可以随时随地通过计算机或移动设备参与学习。慕课的兴起是在线学习平台中的一个重要趋势。慕课是一种通过互联网向大量用户提供开放式课程的教育模式，它突破了传统教育的界限，为全球各地的学生提供了免费或低成本的高质量教育资源。这种模式的优势在于它能够实现规模经济，让教育资源更为普及。慕课的特点之一是课程内容的多样性和广泛覆盖面。从计算机科学、人文学科到工程学，几乎所有领域的课程都可以在慕课上找到。这为学生提供了更多选择，能够根据个人兴趣和职业发展需求来自由定制自己的学习路径。在慕课上学习的学生可以通过在线论坛与世界各地的同学互动，共同讨论问题，分享经验，形成一个全球性的学习社群。这种社交学习的方式丰富了学生的学习体验，使他们能够从不同文化和背景的同学中汲取灵感、拓展视野，慕课也通过引入新的教学方式和评估方法推动了教育的创新。课程制作者倾向于采用更为互动和实践的教学方式，包括在线编程实践、项目作业、小组协作等，以促进学生更深层次的理解和应用知识。慕课和在线学习平台的兴起为计算机教育带来了全新的时代。它们打破了传统教育的时间和地理限制，为学生提供了更多选择和灵活性。虽然面临一些挑战，但这一模式的不断创新和改进将有望推动未来教育更加全球化、普及化，并为更多人提供高质量的学习机会。

第二节　当前计算机教育趋势与挑战

一、当前计算机教育趋势

（一）在线编程学习的普及

在当今数字化时代，计算机教育迎来了一项显著的趋势——在线编程学习的普及。

这一趋势彰显了技术的力量，使得计算机科学的学习不再受限于传统的教室模式，而是通过各种在线平台变得更加灵活、开放和全球化。在线编程学习平台的普及为学生提供了方便灵活的学习方式。诸如 Codecademy、Coursera、edX 等平台，不仅提供了丰富多样的计算机科学课程，还允许学生按照自己的学习进度和兴趣进行学习。这种自主学习的方式为学生提供了更大的自由度，使得他们能够在自己的时间和地点学习，无需受制于传统的教学时间表。在线编程学习的普及拓展了计算机科学学习的边界。学生不再受制于地理位置，无论身处何处，都能通过互联网参与到高质量的计算机教育中。这种全球化的学习机会打破了地域限制，使得来自世界各地的学生能够在同一个虚拟教室中相互交流、学习，共同构建全球性的学习社群。随着在线编程学习的普及，学生们得以享受到互动性学习环境的好处。这些平台通常采用了实时的反馈机制，允许学生在学习过程中不断调整和改善他们的编程技能。互动式学习使得学生能够在错误中学习，通过实践不断提高解决问题的能力，同时也增强了对编程概念的理解。另一方面，在线编程学习的普及推动了编程教育的实践性和项目导向。许多在线课程注重学生通过实际项目来应用所学的知识。这种学以致用的教学方式不仅帮助学生将抽象的概念转化为实际的技能，还培养了他们的解决实际问题的能力，提升了创造性思维和创新意识。当前计算机教育领域在线编程学习的普及是一场具有深远影响的变革。通过提供灵活、全球化的学习机会，拓展计算机科学学习的边界，推动实践性和项目导向的教育，在线编程学习正成为培养未来计算机科学家和专业人才的重要途径。

（二）人工智能教育的兴起

当下，计算机教育领域迎来了一股强劲的趋势，即人工智能（AI）教育（见图 1-5）的兴起。这一趋势既反映了社会对技术前沿的关注，也彰显了对未来工作环境的需求，推动着学校和教育机构调整教育方案以更好地满足学生的需求。人工智能教育的兴起是对科技发展的积极响应。随着人工智能技术在社会各个领域的广泛应用，对具备相关技能的专业人才需求不断增加。因此，学校和教育机构纷纷将人工智能纳入课程体系，旨在培养学生在这个快速发展领域中的创新能力和实际操作技能（见图 1-6）。人工智能教育的兴起突显了对创新性思维和跨学科知识的追求。AI 并非仅仅是一门技术，更是一种解决问题、模拟人类智能的思维方式。因此，学生通过学习人工智能，将不仅仅获得技术层面的知识，还能培养分析问题、提出解决方案的能力，激发创新思维，为未来科学研究和技术发展打下坚实基础。人工智能教育推动了计算机教育与其他学科的融合。人工智能的应用越来越广泛，不仅涉及计算机科学，而且通过 AI 智慧教室（见图 1-7）渗透到数学、物理、生物（见图 1-8）等多个学科领域。这促使学校采用更加跨学科的教学方法，让学生在学习中形成全面的知识结构，培养他们在不同领域中的应用能力。这一趋势的背后有着多重原因。工业界对于拥有人工智能技能的人才需求巨大，学校和教育机构因此感受到了培养具备这些技能的学生的迫切需要。社会对于科技创新的不断渴望，使得人工智能成为一个备受关注的研究和发展领域。另外，人工智能技术的进步和普及，为学校提供了更多教学资源和工具，推动了人工智能教育的实施。人工智能教育的兴起不仅迎合了社会对未来技术人才的需求，也培养了学生在科技领域的创新能力。这一趋势将引领未来计算机教育的发展方向，使得学生更好地适应科技快速发展的社会环境。

图 1-5 人工智能（AI）教育

图 1-6 人工智能教学

图 1-7 AI 智慧教室

图 1-8 AI 辅助计算

（三）实践性学习和项目导向教育

在当今计算机教育领域，实践性学习和项目导向教育的趋势越发显著，这一变革不仅塑造了教育体系的新面貌，也直接影响着学生的学习体验和职业准备。这一趋势的发展源于多重原因，其中包括行业需求的变化、技术发展的加速及对学生综合能力的不断提升的追求。实践性学习和项目导向教育的兴起是对传统教育模式的回应。过去，计算机科学的教学往往侧重于理论知识和抽象概念，学生更多地面对课本知识和编程练习。然而，随着科技行业的不断发展，企业对员工的要求更加强调实际操作和解决实际问题的能力。实践性学习和项目导向教育因此应运而生，以满足雇主对具体技能的需求。技术的飞速发展也是实践性学习和项目导向教育兴起的原因之一。随着新技术和工具的不断涌现，纸上谈兵和理论教学已经不足以跟上技术的步伐。学生需要在真实场景中应用所学知识，通过实际项目锻炼解决问题的能力，以更好地适应不断变化的科技环境。实践性学习和项目导向教育的推动来自对学生综合能力的重视。除了纯粹的技术能力，企业和社会对计算机专业人才的期望逐渐扩展到沟通能力、团队协作、创新思维等方面。实践性学习和项目导向教育通过让学生参与团队项目、解决真实问题，培养了他们的综合素养，使其更具竞争力和适应力。学生对于更具实际应用价值的学习方式的需求也推动了实践性学习的发展。现代学生更加注重能够立即应用到实际生活和职业中的知识，而实践性学习正是满足这一需求的有效途径。通过参与实际项目，学生能够更深刻地理解课堂知识，并在实践中不断调整和完善自己的技能。实践性学习和项目导向教育的兴起反映了计算机教育领域对于更为实用和贴近实际需求的教学方式的认可。这一趋势的发展不仅满足了行业对技术人才的新要求，也培养了更具实际应用价值的计算机专业人才，为学生更顺利地步入职业生涯打下了坚实的基础。

（四）计算机科学与其他学科的交叉学科教育

在计算机教育的演进中，一个显著的趋势是计算机科学与其他学科的交叉学科教育。这一趋势的兴起不仅丰富了学科体系，还反映了社会对于全面发展、跨学科合作的需求。这种交叉学科的教育模式推动了学生更全面地理解和应用计算机科学，为未来的科技创新和问题解决提供了更广泛的视角。计算机科学与其他学科的交叉学科教育是对传统学科边界的挑战。过去，学科往往独立存在，各自在自己的领域中发展。然而，计算机科学的应用已经渗透到几乎所有领域，需要跨学科的知识和技能。因此，学校和教育机构开始将计算机科学与数学、物理、生物等学科整合起来，以培养学生更全面的学科素养。技术的进步和创新需要跨学科的思维和方法。现代的科技创新越来越强调多学科的合作，因为解决现实世界的问题往往需要不同领域的专业知识。计算机科学与其他学科的交叉学科教育为学生提供了更多机会，让他们在跨学科的团队中合作，共同解决复杂的问题。计算机科学与其他学科的交叉学科教育推动了创新思维和实际应用的结合。学生在跨学科的背景下学习计算机科学，更容易将抽象的计算概念与实际问题相结合。这种联系使得学生能够更好地理解计算机科学在其他学科中的应用，培养了他们的实际解决问题的能力。社会对于拥有多学科知识的专业人才的需求也是这一趋势兴起的原因之一。雇主更加欢迎那些既懂得计算机科学，又能够理解其他学科领域需求的专业人才。这种跨学科的背景使得他们能够在不同领域中更灵活地运用自己的知识和技能。计算机科学与其他学科的交叉学科教育不仅拓宽了学科边界，也培养了具备多学科素养的综合型人才。这一趋势有助于打破传统学科的壁垒，激发学生的创新思维，为应对未来社会和科技发展的复杂性提供了更好的教育基础。

二、当前计算机教育的挑战

（一）数字鸿沟和资源不平等

当前，计算机教育面临着严峻的挑战之一是数字鸿沟和资源不平等。虽然数字技术（见图 1-9）的普及已经为教育带来了许多便利，但是在全球范围内，仍然存在着数字鸿沟，即不同地区和社会群体之间在获取和利用信息技术方面的差异，这导致了教育资源的不平等分配。数字鸿沟在全球范围内表现为发展水平不均衡，尤其是在发展中国家和地区。一些贫困地区由于基础设施不足、网络覆盖不全等原因，无法充分融入数字化教育（见图 1-10）。这使得那里的学生无法享受到与数字技术相关的高质量教育资源，缺乏与发达地区学生相媲美的学习机会，进一步拉大了教育资源的差距。资源不平等也体现在社会群体之间。在一些经济欠发达或社会边缘化的群体中，由于经济条件和教育基础的限制，学生可能无法轻松获取计算机硬件、高速网络（见图 1-11）等必备条件，导致他们无法充分参与到数字化教育中。这样的不平等现象可能加剧社会的分化，使得一部分人群无法享受到数字化时代带来的教育机会。数字鸿沟还表现在教育机构和学校之间的资源分配上。一些富裕地区的学校可能拥有先进的计算机设备、优质的在线教育资源和培训师资，而贫困地区的学校可能面临基础设施不足、网络质量差等问题。这导致了学生在不同地区、不同学校之间面临的教育机会的差异，使得他们在数字化时代的竞争力不同。解决数字鸿沟（见图 1-12）和资源不平等的挑战需要全球范围内的共同努力。首先，需要提升基础设施建设，特别是在发展中国家和地区，加强对网络覆盖的改善，以确保更多地区能够顺利接入数字教育资源。其次，政府和社会应该加大对贫困地区、弱势群体的支持力度，确保他们能够平等地享受到先进的计算机技术和在线教育资源。此外，教育机构应该致力于推动资源的均衡分配，确保每个学生都能够在数字化时代获得公平的学习机会，不受地域、经济状况的限制。通过共同的努力，可以逐步减小数字鸿沟，实现更加公平、普惠的计算机教育。

图 1-9　数字化技术

图 1-10　数字化教育

图 1-11　高速网络　　　　　　　　　　　图 1-12　数字鸿沟

（二）编程教育的一体化难题

当前计算机教育面临的挑战之一是编程教育的一体化难题。尽管编程技能的重要性日益凸显，但在整个教育体系中，将编程教育有机地融入各个学科，使其成为学生综合学习的一部分，仍然面临着一系列的困难和挑战。编程教育的一体化需要跨学科的协同合作。传统的学科边界往往让教育体系划分成各自独立的学科领域，而编程作为一门跨学科的技能，需要与数学、科学、语言艺术等学科进行紧密结合。教育者和决策者需要共同努力，推动不同学科之间的协同合作，促使编程成为学科整合的桥梁，而非孤立存在的附加技能。师资队伍的培养和提升是一体化编程教育的重要问题。教育者需要具备足够的跨学科知识，能够将编程技能融入到各学科的课程中，并引导学生将编程应用到实际问题的解决中。因此，培养具备编程素养的教师成为一项紧迫的任务，这需要教育机构和政府加大对师资队伍的培训和支持力度。教育课程和教材的更新和整合也是一体化编程教育所面临的挑战。传统的课程结构可能较为僵化，难以容纳新兴的编程教育内容。教育机构需要审视现有课程设置，逐步将编程元素融入到各个学科中，同时更新教材以适应快速发展的编程领域，使学生在学科学习的同时能够逐步掌握编程技能。学生的学习兴趣和能力差异也是一体化编程教育的考验。教育者需要灵活运用不同的教学方法和资源，以满足学生不同的学科兴趣和水平，让编程教育真正成为各类学生发展的助推器，而非造成学科厌学的因素。解决这一体化难题需要综合运用政策、资源和创新的手段。政府和学校应该制定支持编程教育一体化的政策，并提供足够的资源和支持，以促进师资队伍的培养和教学手段的更新。同时，教育者需要积极创新教学模式，引入跨学科项目和实践性学习，使编程教育真正融入学科学习的各个方面。只有通过全社会的共同努力，才能克服编程教育一体化的难题，使学生更全面地受益于计算机科学的知识和技能。

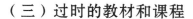

（三）过时的教材和课程

当前计算机教育面临的一个显著挑战是过时的教材和课程。随着科技的快速发展，计算机科学领域的知识和技术在不断更新，然而，许多学校和教育机构的教材和课程却未能跟上这一步伐，导致学生在接受计算机教育时面临着过时和不足的教育资源。过时的教材无法满足现代科技发展的需求。计算机科学领域涉及的技术和编程语言在短时间内可能发生较大变化，但一些教材长期沿用，未能及时更新。这导致学生在学习过程中可能接触到已经被淘汰的编程语言或过时的开发工具，使其难以适应当今科技行业的实际需求。过时的课程内容可能无法涵盖新兴领域和前沿技术。计算机科学领域不断涌现新的研究方向和应用领域，如人工智能、机器学习、区块链等，但一些课程却仍然侧重于传统的知识体系。学生可能错失了掌握新兴技术和领域所需的机会，影响其在未来科技行业中的竞争力。过时的教材和课程影响了学生的实际应用能力。计算机科学是一门实践性强的学科，而一些过时的教材可能停留在理论层面，未能引导学生将知识应用到实际项目中。这使得学生在毕业后可能面临应用能力不足的问题，难以胜任实际工作中需要解决的现实问题。解决这一挑战的关键在于及时更新教材和课程，以确保其与科技发展同步。教育机构和教育者需要密切关注科技行业的发展趋势，定期更新课程内容，引入最新的技术和实际案例。此外，建立灵活的教学体系，包括项目驱动的学习、实践性教学方法等，能够更好地培养学生的实际应用能力。政府和行业也应提供支持和资源，鼓励学校和教育机构开展教材和课程的更新工作，确保学生接受到与时俱进的计算机教育，为他们未来的职业发展提供更强有力的支持。

（四）缺乏经验丰富的教育者

当前计算机教育面临的一项重大挑战是缺乏经验丰富的教育者。随着计算机科学的日益重要，对于具有深厚专业知识和教育经验的计算机教育者的需求也日益增加。然而，现实中许多地区和学校仍然存在着缺乏经验丰富的计算机教育者的问题，这对学生的计算机学习和技能培养带来了严重的影响。缺乏经验丰富的计算机教育者可能导致教学内容和方法的单一性。一些教育者可能过于依赖传统的教学模式，未能充分融入现代计算机科学领域的新知识和技术。这使得学生在学习过程中难以接触到最新的编程语言、工具和实际应用，从而影响他们在职业领域的竞争力。缺乏经验丰富的计算机教育者可能难以有效引导学生进行实践性学习。计算机科学是一门实践性强的学科，学生需要通过实际项目和实践经验来深化理论知识。然而，缺乏经验的教育者可能无法提供足够的实际项目和案例，使学生在课堂外难以将理论知识应用到实际中，限制了他们的综合应用能力的培养。缺乏经验的计算机教育者可能不够灵活适应学科发展的变化。计算机科学是一个快速变化的领域，新的编程语言、框架和技术不断涌现。教育者如果缺乏经验，可能无法及时了解并适应这些变化，导致课程内容过时，难以满足学生学习的实际需求。解决这一挑战的关键在于加强对计算机教育者的培训和支持。教育机构和学校应该提供定期的专业培训机会，使计算机教育者能够不断更新自己的知识和教学技能。此外，行业和学术界应加强与教育机构的合作，提供实际项目和案例，为计算机教育者提供更多的实践经验，帮助他们更好地引导学生进行实践性学习。政府也可以通过制定政策，提供资源和支持，鼓励计算机专业人才投身教育事业，从而缓解当前计算机教育中缺乏经验丰富教育者的问题，提升计算机教育的质量。

第三节　新兴技术对教学的影响

一、新兴技术促进实践性学习

新兴技术的崛起为教学提供了前所未有的机会，其中尤其突出的影响之一是实践性学习的促进。传统教育往往以理论知识为主导，而新兴技术为教学引入了更为实践和体验的元素，从而使学生能够更深入地理解和应用所学内容。实践性学习是一种通过亲身经验和实际操作来获取知识和技能的学习方式。新兴技术为实践性学习提供了丰富的工具和平台，使学生能够在模拟的或者真实的环境中进行实际操作，从而更好地理解抽象概念、培养解决问题的能力，并将理论知识转化为实际应用的能力。虚拟现实（VR）和增强现实（AR）技术为实践性学习带来了革命性的改变。通过这些技术，学生可以沉浸于虚拟的学习环境中，模拟各种场景，例如实验室、工程项目或者历史事件。这种沉浸式的学习体验使学生能够在安全的环境中进行实践，增加了他们对复杂概念的直观理解。例如，在计算机科学领域，学生可以通过虚拟实境体验不同的操作系统、网络结构，甚至是编写代码，从而更好地理解计算机科学的基本原理。实践性学习的促进得益于云计算和大数据技术的发展。云计算平台为学生提供了实时访问大规模计算资源的机会，使他们能够进行更为复杂和真实的实验和项目。学生可以在云平台上搭建和运行应用，处理大规模数据，从而培养了他们在实际项目中所需的技能。这不仅提高了学生对云计算和大数据技术的理解，也使他们具备解决实际问题的能力。新兴的在线学习平台和慕课也为实践性学习提供了广泛的渠道。学生可以通过这些平台参与到来自世界各地专家和机构提供的实践性课程中。这种方式使得学习不再受制于地理位置和时间限制，学生能够根据自己的兴趣和需求选择参与实践性项目，丰富了他们的学习体验。在计算机科学领域，编程是一项重要的实践性学习内容。新兴的编程工具和语言的应用使得编程学习更加直观和亲民。可视化编程工具降低了初学者的学习门槛，使得更多的人能够轻松上手编程，而新兴编程语言的出现也提供了更为灵活和高效的编程方式。这些工具和语言的推广使学生能够更自由地进行实际的编码实践，从而更好地理解和掌握计算机编程的本质。新兴技术对实践性学习的促进不仅改变了传统教学的方式，也为学生提供了更为真实、直观、自主的学习体验。通过实际操作，学生能够更好地应用理论知识，培养解决问题和创新的能力，为他们未来的职业发展奠定坚实的基础。因此，教育者应充分利用新兴技术，设计和实施更富有实践性的教学方法，以更好地满足学生的学习需求。

二、新兴技术对编程教育的创新

新兴技术的崛起为编程教育注入了新的活力，推动了编程教学的创新。编程不再是一项高门槛的技能，而是成为更广泛的教育范畴，涉及学生、教育者和专业开发者。可视化编程工具的广泛应用为编程教育带来了翻天覆地的变化。这些工具通过图形界面和模块化设计，将编程概念呈现得更加直观和易于理解，降低了初学者的学习门槛。例如，Scratch 是一款以可视化编程为主的工具，它通过拼图式的编程块使得学生能够通过拖拽的方式组合代码，不仅培养了编程思维，还使得编程学习充满趣味。新兴编程语言的涌现推动了编程教育的创新。相较于传统的编程语言，新兴的语言更加注重简洁、易读性和灵活性，例如 Python、JavaScript 等。这使得学生更容易理解和掌握编程概念，也为他们提供更多的实践机会。新兴编程语言的广泛应用在学生中间崭露头角，而且在实际产业中也变得越来越重要，培养了学生更符合行业需求的技能。实践性项目和协作学习的兴起为编程教育注入了更多实际应用的元素。学生不再仅仅通过简单的练习来学习编程，而是通过参与实际项目，解决真实问题，提高了他们的解决问题和团队协作的能力。这种实践性的学习方式更贴近职业实践，培养学生更具实际操作能力。云计算技术也为编程教育的创新提供了强大支持。通过云计算平台，学生可以远程访问实时计算资源，进行项目开发和实验。这不仅使得学习变得更加灵活，也使得编程教育能够更好地适应不同层次和需求的学生。云计算还提供了实际部署和运维的经验，使学生更全面地理解软件生命周期的方方面面。开源文化的推广也为编程教育注入了更为开放和合作的精神。学生可以通过参与开源项目获得实际经验，学习到开发流程和合作技巧。这种开源文化的传承，不仅培养了学生的编码能力，还提升了他们的沟通和团队协作的技能。AI 的应用也为编程教育带来了新的可能性。AI 辅助教学系统通过分析学生的学习数据，为教育者提供更具个性化的教学建议。学生能够获得实时的反馈和指导，更好地理解和掌握编程知识。AI还可以根据学生的学习习惯和进度调整教学内容，提供更贴近个体需求的编程教育。新兴技术对编程教育的创新带来了更为丰富、实践和个性化的学习体验。这不仅使得编程变得更加有趣，也为学生提供了更多的机会来发展实际应用的技能。编程教育的创新不仅是培养未来计算机科学家和工程师的途径，也是提高学生综合素养的有效手段。

三、AI辅助学习

新兴技术中，AI辅助学习在计算机教学领域的影响十分深远。AI的应用不仅提升了教学效果，还为学生提供了更个性化、智能化的学习体验。人工智能的出现使得教学过程更具个性化。传统的一对多教学往往难以满足每个学生的个性化需求，而AI辅助学习通过分析学生的学习数据，可以为每位学生提供量身定制的学习路径。通过了解学生的学习风格、进度和偏好，AI能够调整教学内容和难度，使得每个学生都能在适合自己的节奏下学习，从而提高学习效果。人工智能在实时反馈和个性化评估方面发挥着关键作用。传统的教学中，教师难以为每个学生提供实时准确的反馈，而AI辅助学习系统能够通过监测学生的学习进度和表现，提供即时的反馈和评估。学生能够得知自己的优势和不足，及时调整学习策略，提高学习效率。AI的应用使得教学内容更加智能化。通过自然语言处理和机器学习算法，AI能够理解学生提出的问题，并给予相应的回答。这种智能化的交互方式使得学生能够更深入地理解教学内容，同时也减轻了教师的工作负担，使得教学更加高效。人工智能辅助学习还在个别化教育中发挥了巨大的作用。通过个别化教育，学生可以根据自己的学科水平和学习兴趣，定制个性化的学习计划。AI系统可以根据学生的学习历史和能力，为其推荐合适的课程内容和学科方向，从而使学习更加有针对性、高效。除此之外，人工智能在编程教育中的应用也日益显著。AI辅助学习系统可以为学生提供编程过程中的实时建议和纠错，帮助他们更好地理解编程语言的语法和逻辑。这种个性化的编程辅导不仅提高了学生的编码技能，也使得编程教育更加容易上手和有趣。值得一提的是，AI在虚拟现实和增强现实领域的应用也对计算机教学产生了深远的影响。通过结合虚拟现实技术，学生可以沉浸在计算机系统和网络的虚拟环境中，进行实际的操作和实验。这种实践性的学习方式不仅增加了学生对计算机科学概念的直观理解，也提高了他们的实际应用能力。人工智能辅助学习对计算机教学产生了革命性的变化。通过提供个性化学习、实时反馈和智能化交互，AI系统为学生创造了更为优质、高效的学习环境。未来，随着人工智能技术的不断发展，我们有望看到更多智能化、个性化的教学模式和工具，

进一步推动计算机教学向更高水平迈进。

四、多媒体资源丰富教学内容

新兴技术在计算机教学中的应用，尤其是多媒体资源的丰富化，为教学内容提供了更为生动、多样和深入的展示方式，使得学生能够更全面地理解和应用计算机科学的知识。多媒体资源丰富了教学内容的呈现方式。传统的教学往往依赖于书本和讲授，而新兴技术为教学提供了更多元的呈现方式。通过图像、视频、音频等多媒体形式，教育者能够生动地展示计算机科学中的抽象概念、算法和实际应用。这种直观的展示方式有助于激发学生的学习兴趣，提高他们对计算机科学的理解。多媒体资源为复杂的计算机概念提供了更为清晰的解释。在计算机领域，一些概念和原理可能比较抽象，难以用文字简单明了地表达。通过使用多媒体资源，教育者可以使用图表、动画和实际演示等方式，将抽象的概念转化为形象化的表达，帮助学生更好地理解难以捉摸的概念。比如，通过动画演示操作系统的工作原理，学生可以更清晰地理解计算机系统的运行机制。多媒体资源的应用丰富了实例和案例的呈现。在计算机科学中，学习通过实际应用和解决问题的方式进行，而多媒体资源为这一教学理念提供了理想的支持。通过展示真实项目、开源代码、应用案例等多媒体资源，学生能够更深入地理解计算机科学的实际应用，同时也能够更好地应对未来的挑战。多媒体资源的丰富化为教育者提供了更灵活的教学方式。在线学习平台、教育视频、交互式模拟等多媒体资源的使用使得学生不再受限于传统教室的时间和空间。他们可以通过在线学习平台随时随地获取丰富的教育资源，自主学习，提高学习的灵活性和便捷性。这种灵活的学习方式使得计算机教育更贴近学生的需求，有助于培养他们的自主学习能力。云计算技术的发展也为多媒体资源在计算机教学中的应用提供了有力支持。通过云计算平台，教育者可以轻松地存储和分享大量的教学资源，学生能够通过云端服务获取到实时的多媒体教材。这种云端服务的模式不仅方便了教学资源的管理和传播，也使得多媒体资源的更新和维护更为便捷。多媒体资源的丰富化促进了学生的参与和互动。通过在课堂上使用多媒体资源，如投影、互动白板等，教育者可以更好地吸引学生的注意力，激发他们的学习兴趣。学生在观看实验演示、参与交互式模拟时，更容易投入到学习过程中，增强了他们的学习体验。新兴技术带来的多媒体资源丰富了计算机教学的内容，使得教学更具创新性、实用性和生动性。多媒体资源的广泛应用提高了学生对计算机科学的理解和应用能力，为他们未来的职业发展提供了更为全面和实际的知识基础。

五、新兴编程工具和语言的应用

新兴编程工具和语言的应用在计算机教学领域产生了深远的影响，为学生提供了更直观、灵活和实用的编程体验。这些工具和语言的涌现不仅改变了传统的编程教学方式，也为学生培养更强大的编码能力打开了全新的可能性。可视化编程工具的广泛应用改变了编程学习的传统方式。以 Scratch 为代表的可视化编程工具采用了图形界面，使得学生能够通过拖拽代码块的方式进行编程。这种直观、亲民的编程方式降低了初学者的学习门槛，让更多的人能够轻松地进入编程领域。学生通过可视化编程工具能够更直观地理解程序的结构和逻辑，培养了他们的编程思维。新兴编程语言的涌现使得编程学习更加灵活和实用。Python、JavaScript 等语言的应用在计算机教学中越来越普遍。相较于传统的编程语言，这些新兴语言更注重简洁性、易读性和灵活性，使得学生更容易理解和掌握编程概念。这不仅提高了学生对编程的学习兴趣，也使得他们能够更迅速地应用所学知识进行实际项目的开发。新兴编程工具和语言的应用推动了实践性学习的发展。学生不再仅仅通过书本和理论知识学习编程，而是通过参与实际项目、解决实际问题来深化对编程的理解。新兴工具和语言的应用为学生提供了更多实际操作的机会，培养了他们在实际项目中所需的技能，包括问题解决、团队协作等。云计算技术的发展为新兴编程工具和语言的应用提供了更强大的支持。通过云计算平台，学生可以远程访问实时计算资源，进行项目开发和实验。这不仅提高了学生的实践性编程能力，也使得学习更加灵活，不再受制于特定的硬件环境。新兴的在线学习平台和慕课为学生提供了更多选择的机会。学生可以通过这些平台参与到来自世界各地专家和机构提供的编程课程中。这种全球化的学习方式不仅扩大了学生的视野，还使得他们能够接触到不同领域和行业的实际应用案例，提高了学习的实际性和适用性。在计算机科学领域，新兴编程工具和语言的应用还推动了编程教育的创新。可视化编程工具的普及使得编程学习更加直观，新兴语言的灵活性则促使教育者更加注重实践性和应用性的教学方式。这种创新推动了编程教育从传统的理论传授转向更注重实际操作和项目开发的方向，培养了学生更符合实际需求的编程能力。新兴编程工具和语言的应用对计算机教学产生了深远的影响。它们为学生提供了更友好、更灵活、更实用的学习环境，培养了学生更全面的编码能力和实际应用的技能。在未来，随着这些工具和语言的不断演进，计算机教育将迎来更多创新和发展。

第四节 未来计算机教学的展望

一、未来计算机教学模式的改革

（一）混合式教学

未来计算机教学的展望之一是混合式教学模式的广泛应用。混合式教学将传统面对面教学与在线学习相结合，借助现代技术为学生提供更灵活、个性化的学习体验。混合式教学充分利用了在线平台的优势，学生可以在任何时间、任何地点通过互联网获取教学资源。这种灵活性使得学习更适应学生的个体差异和生活节奏，有助于解决传统教学中面临的时间和地点限制。教师在混合式教学中扮演着导航者和指导者的角色，他们能够更注重与学生的互动、讨论和解答疑问，提供更贴近学生需求的个性化支持。同时，通过在线平台收集学生学习数据，教师能够更全面地了解学生的学习状况，及时调整教学策略，提高教学效果。混合式教学的一个关键特点是通过在线学习来增强实践性学习。学生可以通过在线实验室、模拟环境等方式进行实际操作，巩固理论知识，并在课堂上与教师和同学分享他们的实际经验。这有助于培养学生的实际问题解决和团队协作能力。另一方面，混合式教学提供了更广泛的学习资源。学生可以通过在线平台获取丰富多样的教材、视频讲座、案例分析等资源，拓展他们的知识广度和深度。这也有利于将最新的科技发展融入到课程中，使学生能够更好地跟上行业的最新动态。混合式教学同时促进了学生之间的交流与合作。通过在线讨论、协作项目等方式，学生能够跨越时空限制，共同解决问题、分享经验，形成一个跨文化、全球化的学习社区。混合式教学模式有望成为计算机教育的主流。它既能够发挥传统教学的优势，又能够融入现代科技，使得教学更灵活、更适应学生需求。这将为学生提供更丰富、更个性化的学习体验，培养他们更全面、更实际的计算机科学知识和技能。

（二）跨学科教学

未来计算机教学的展望之一是跨学科教学模式的推动，将计算机科学与其他学科进行深度整合。这种跨学科教学不仅拓宽了学科边界，还提供了更全面、综合的学习体验，使学生能够更好地应对复杂多变的现实问题。跨学科教学将计算机科学与工程、生物学、医学、社会科学等多个领域相融合。通过与其他学科的交叉，学生将能够更好地理解计算机科学在现实生活中的应用，同时为其他学科的发展提供计算机科学的支持。跨学科教学将培养学生的跨学科思维能力。学生将学会将计算机科学的原理和方法应用于其他领域，从而更好地理解和解决实际问题。这有助于打破传统学科之间的壁垒，促进不同领域之间的创新和合作。跨学科教学将提供更丰富的学习资源。学生将有机会接触到多个学科的知识，拓展自己的学科广度和深度。例如，在生物信息学领域，学生既能学到生物学的基础知识，又能掌握计算机科学的技能，从而更好地理解和研究生物系统。跨学科教学模式还有助于培养学生的团队协作能力。在多学科项目中，学生需要与来自不同学科背景的同学协作，共同解决综合性的问题。这不仅提高了学生的团队合作能力，也培养了他们更全面的素养。跨学科教学将使学生更好地理解计算机科学的社会影响。计算机科学与社会科学、伦理学等学科的结合，能够让学生更全面地思考计算机技术对社会和人类的影响，培养他们的社会责任感和伦理意识。未来计算机教学的跨学科模式将为学生提供更广阔、更有深度的学习机会，使他们更好地适应多样化的职业需求。这一趋势将促进不同学科之间的合作，推动计算机科学在更广泛领域的应用，为学生创造更加丰富、有趣的学习体验。

（三）智能辅助教学

随着人工智能技术的不断发展，智能辅助教学将为学生提供更个性化、高效、智能化的学习体验，推动计算机教育进入新的阶段。智能辅助教学通过分析学生的学习习惯、水平和兴趣，为每个学生提供定制化的学习路径和资源。这种个性化教学能够更好地满足学生的需求，使他们在适合自己学习速度的情况下更好地理解和掌握计算机科学的知识。智能辅助教学系统具备实时监测和反馈的功能，能够及时发现学生的学习困难，并提供个性化的解决方案。这种精准的反馈有助于学生更好地调整学习策略，提高学习效果，同时也减轻了教师的监控负担，使其更集中精力于学科知识的传授和引导。智能辅助教学还能够通过模拟实验、交互式演示等方式提供更生动、直观的学习体验。学生可以在虚拟环境中进行实际操作，观察计算机系统的运行和应用，增强对抽象概念的理解，培养实际问题解决的能力。与传统教学相比，智能辅助教学更具灵活性。学生可以在任何时间、任何地点通过智能教育平台学习，减少了地域和时间上的限制。这也使得学习更加符合个体差异，适应不同学生的学习节奏和习惯。智能辅助教学的广泛应用将促进计算机教育更全面地适应学生的个体差异，提高学习的效果和效率。它既是计算机教育的创新，也是对传统教学模式的有益补充。通过智能辅助教学，未来计算机教育将更加个性化、智能化，为学生提供更好的学习体验和

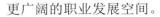

更广阔的职业发展空间。

（四）可视化教学

　　未来计算机教学的展望之一是可视化教学模式的普及和深化。可视化教学通过图形、图像、动画等形式呈现抽象的计算机科学概念和算法，使学习更生动、更直观，有助于提高学生的理解深度和学习效果。可视化教学将通过现代技术在教学中引入更多的图形和动画元素，使得学生能够更具体地看到计算机科学中的抽象概念。例如，通过可视化演示，学生可以直观地理解数据结构、算法运作的过程，而不仅仅是通过抽象的文字或符号。这种教学模式的优势在于可以提供更具体、形象的学习体验，尤其对于初学者来说更易理解。学生通过观察可视化展示，能够更好地理解计算机科学的复杂理论，使得学科知识更加容易被吸收和记忆。可视化教学还可以用于模拟实际操作和实验，让学生在虚拟环境中进行实践，观察和理解计算机系统的运行。这种实践性的学习体验可以帮助学生更好地将理论知识转化为实际技能，培养他们的问题解决和创新能力。此外，可视化教学还有助于教师更生动地进行讲解，通过多媒体演示将抽象的概念呈现出来，激发学生的兴趣和好奇心。教学过程中，教师可以利用可视化工具进行互动，与学生共同探讨问题，增强学生的参与感和学科理解。随着虚拟现实（VR）和增强现实（AR）等技术的进一步发展，可视化教学将更加多样化和创新。学生有望通过沉浸式的可视化体验更深入地理解计算机科学的概念，从而提高学习的深度和广度。这将成为未来计算机教学模式改革的一项重要趋势，为学生提供更富有创意和启发性的学习体验。

二、未来计算机教学资源愈加丰富

（一）开放式在线课程和资源库

　　未来计算机教学的教学资源愈加丰富，其中体现是开放式在线课程和资源库的愈加丰富。这一趋势将通过互联网技术的不断发展和开放式教育的推动，为学生提供更广泛、灵活、自主的学习资源，推动计算机教育的全球化和普及。慕课作为未来计算机教育的一个关键组成部分，将继续吸引全球学生，提供高质量的计算机科学课程。这种模式的特点是可以随时随地通过互联网参与学习，突破了传统教育的地域和时间限制，使学习更具灵活性。在线资源库的建设也将愈加丰富，涵盖计算机科学领域的各个方面。学生可以轻松访问到包括教材、视频讲座、实例代码等在内的丰富教学资源。这种开放式的学习方式有助于学生自主选择学习路径，根据个体需求自由组合学习内容。未来的教育资源库将以更开放的精神整合来自不同来源的学习资源。这不仅包括高校和研究机构的贡献，还涵盖了来自行业、社区和开发者社群的实际应用案例、项目经验等。这样的综合性资源库将更好地满足学生对实际应用和实践性学习的需求。随着区块链技术的发展，未来可能会出现去中心化的在线教育平台，为学生提供更安全、透明、可信赖的学习环境。学生可以通过区块链技术获得学分、证书等，进一步提升在线教育的可信度和认可度。这一愈加丰富的教育资源环境也将对传统学校和教育机构提出新的挑战。学生将更有可能选择自主学习路径，而传统教育机构需要更灵活地适应这种变化，提供更贴近学生需求的教育服务。未来计算机教学的开放式在线课程和资源库将为学生提供更广泛、更深入的学习体验，促进全球计算机教育的可及性和普及性。这一趋势将为学生和教育者带来更多的机遇和选择，推动教育领域朝着更开放、多元、创新的方向发展。

（二）虚拟实验室和模拟环境资源

随着技术的不断进步，虚拟实验室将成为计算机教育的重要组成部分，为学生提供更实际、直观的学习体验。虚拟实验室和模拟环境资源通过模拟真实的计算机系统、网络环境和应用场景，使学生能够在虚拟环境中进行实践性学习。这种模式的优势在于学生可以在没有实际硬件设备的情况下进行实验，降低了学习成本和实验风险，同时拓展了学生的实践能力。未来的虚拟实验室将更加智能化和互动化。学生可以通过虚拟实验室进行实时的操作和交互，观察系统运行状态、调整参数，从而更深入地理解计算机系统的原理和运作机制。这种互动式学习能够激发学生的学习兴趣，提高他们对计算机科学的理解深度。虚拟实验室还将广泛涵盖各个计算机科学领域，包括网络安全、数据库管理、人工智能等。学生可以通过模拟环境了解不同领域的工作原理，培养跨领域的学科视野，更好地适应未来计算机科学的发展趋势。这种学习资源的丰富化将有助于提高学生的实际操作能力，使他们能够更好地应对职业生涯中的挑战。同时，教育者也可以通过虚拟实验室监测学生的学习过程，提供个性化的指导和反馈，促使学生更加深入地理解和掌握计算机科学的知识。虚拟实验室的发展也将促进在线教育的进一步普及。学生可以通过互联网随时随地访问虚拟实验室资源，不再受制于地域和时间的限制。这为全球范围内的学生提供了更平等的学习机会，推动了计算机教育的国际化。未来计算机教学的虚拟实验室和模拟环境资源的愈加丰富将为学生提供更具实际性和交互性的学习体验，促进他们更好地掌握计算机科学的理论和实践知识。这一趋势将推动计算机教育朝着更创新、更实用的方向发展。

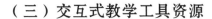

（三）交互式教学工具资源

　　未来计算机教学的展望之一是开放式交互式教学工具资源的愈加丰富。随着技术的发展，各种交互式教学工具将成为学生学习计算机科学的重要支持，为教育提供更具创新性和互动性的学习环境。开放式交互式教学工具资源包括虚拟编程环境、可视化编程工具、在线代码编辑器等。这些工具可以让学生在实际编程中更灵活、更直观地学习，使得计算机科学的抽象概念更容易理解。通过这些工具，学生可以亲身体验编程的乐趣，更好地掌握编程语言和算法。未来的交互式教学工具将更加开放，允许学生根据个体兴趣和水平选择适合自己的工具。这种个性化的学习方式将提高学生的学习积极性和自主性，使得学习更贴近实际应用和行业需求。交互式教学工具还将涵盖更多的学科内容，不仅仅局限于编程，还包括计算机网络、数据库管理、人工智能等多个领域。这有助于学生更全面地了解计算机科学的多个方面，培养跨学科的综合素养。这些工具的互动性将不仅停留在学生与工具的交互上，还包括学生之间的协作互动。例如，学生可以在共享的虚拟环境中进行编程协作，共同解决问题，提高团队协作和沟通能力。这有助于培养学生的团队精神，为未来的工作环境做好准备。开放式交互式教学工具资源的愈加丰富将推动计算机教育的普及和创新。学生将通过更直观、更灵活的工具，更好地理解和应用计算机科学的知识。这一趋势也将激发教育者的创新意识，鼓励他们设计更具有启发性和实践性的教学工具，为学生提供更富有趣味和挑战的学习体验。

第二章

教育理论与教学模式

第一节　教育理论的基本原则

一、个体差异性原则

个体差异性原则是教育理论中的一项基本原则，它源自教育心理学领域，与行为主义、认知心理学、发展心理学等多个教育理论都有关联。然而，其中一位重要的理论家是美国心理学家赫伯特·加德纳（Howard Gardner），他提出了多元智能理论，该理论认为人类拥有多种智能，并且个体在这些智能上存在差异。个体差异性原则的基本概念在于理解每个学生都是独特的，具有独特的认知风格、情感特点、社交需求和学习动机。这一原则的提出是为了超越传统教育中对于单一智能的偏重，例如语言和数学的智能，在教育中更全面地看待学生的多元智能。在多元智能理论中，加德纳提出了七种主要智能类型：语言智能、数学逻辑智能、空间智能、音乐智能、运动智能、人际智能和内省智能。每个人的智能组合都是独特的，这使得每个学生在不同领域都有其独特的优势和潜力。例如，一个在数学上表现平平的学生可能在音乐或运动方面具有出色的天赋。通过个体差异性原则，教育者被鼓励更多地关注和发展学生在各种智能领域的潜能，提供更多样化、个性化的教学方法，以更好地满足每个学生的需求。个体差异性原则的实践涉及在教学中考虑学生的学习风格和智能类型，采用多样化的教学方法，包括视觉化教学、实践性学习、小组合作等。这样的教学方法有助于激发学生的学习兴趣，提高他们的学习动机，促进更深层次的理解和记忆。在应用个体差异性原则的同时，教育者还需要通过灵活的评估方法来了解学生的学习成果，以便更好地调整教学策略。这种个性化的教学方法有助于打破一刀切的传统教育观念，使教育真正以学生为中心。个体差异性原则在教育实践中的应用不仅来源于多元智能理论，也是整个教育理论体系中的一个重要组成部分。通过了解和尊重每个学生的独特性，教育者能够更有效地引导学生的学习，帮助他们全面发展，为未来的成功奠定坚实的基础。

二、建构主义原则

建构主义原则是教育理论中的一项基本原则，它根植于建构主义学派。这一理论最为突出的倡导者之一是瑞士心理学家让·皮亚杰（Jean Piaget）及其后继者，如瑞士心理学家瓦尔多·柯赫斯基（Lev Vygotsky）。建构主义理论主张学生通过积极参与、经验积累和自主探索来构建知识，反对传统教育中的被动接受模式。在建构主义理论的框架下，个体被视为知识的建构者，通过与周围环境的互动，不断调整、发展自己的认知结构。这一理论主张学生是主动学习者，他们通过实际操作和探究，逐渐建构起对世界的理解。建构主义原则首先强调学生的主动性。学生并非被动地接收信息，而是通过实际参与和亲身经验来主动建构知识。这体现在学生在解决问题、完成任务时的积极性，以及在小组合作、实践性学习中的主动性表现。建构主义理论注重学生的经验。学生通过实践、互动和经验积累来构建知识结构，而不仅仅是通过传统的书本知识。这强调了学生在真实环境中的学习，通过实际操作获得的经验更加深刻和持久。建构主义理论强调合作学习。学生在小组中共同探讨问题、解决难题，通过与他人的互动，不仅建构了个体知识，还能够从他人的经验中学到更多。合作学习有助于促进社会互动、团队协作和沟通技能的培养。此外，建构主义理论还强调学习的上升阶段性。让·皮亚杰的认知发展理论提出了学生在认知上的阶段发展，通过逐渐建构对周围世界的认知，学生能够逐渐迈向更高的认知阶段。在应用建构主义原则的教学中，教育者扮演了引导者和促使者的角色，致力于创造丰富的学习环境，激发学生的好奇心，鼓励他们主动探索和建构知识。通过建构主义原则的运用，学生能够在更积极、更深入的学习过程中培养批判性思维、解决问题的能力，提高学科知识的理解深度。这一理论对于现代教育中强调学生参与、主动性和实践性的教学方法提供了有力的支持，促使教育者更加关注学生的个体差异和发展需求，从而更好地塑造学生成为具有综合素养的独立思考者。

三、社会互动原则

社会互动原则是教育理论中的一个基本原则，其主要理论基础来自社会文化理论，而在这一领域，瓦尔多·柯赫斯基是最为杰出的代表。社会文化理论强调了社会与文化对个体认知和发展的重要影响，而社会互动原则正是这一理论的核心观点之一。社会互动原则主张学习和发展是通过与他人的社会互动和文化环境中的参与而实现的。在教育中，这意味着学生通过与教师、同学和更广泛的社会互动，共同建构知识、发展认知和获取技能。社会互动原则强调了合作学习、对话和社交活动在学习过程中的重要性。社会互动原则强调了学生与他人的合作学习。在社会互动的框架下，学生通过与同伴一起解决问题、讨论观点，能够更好地理解复杂的概念，共同构建知识体系。教育者的角色在于引导和促进这种合作学习的过程，创造支持性的学习环境。社会互动原则强调了对话和言语的重要性。瓦尔多·柯赫斯基认为言语是认知发展的关键媒介，学生通过与他人的对话，不仅表达自己的思想，还能够接触到他人的观点，促进自己的思维发展。在教育实践中，鼓励学生参与有意义的对话，是激发他们思考和理解的有效手段。社会互动原则还强调了文化环境对学习的重要影响。个体的认知和发展受到所处文化的制约和影响。因此，教育者需要关注学生所处的文化背景，创造能够促进学生全面发展的文化氛围，使学生更好地融入社会中，并在社会互动中获得更丰富的学习体验。在应用社会互动原则的教学中，教育者不仅仅是知识的传递者，更是引导者和组织者。他们需要创造积极、合作的学习环境，设计任务和活动，使学生能够在社会互动中建构知识、发展技能。通过社会互动原则的运用，学生能够更好地适应社会环境，培养团队协作和沟通能力，形成积极向上的学习态度。这一原则也为教育者提供了思考教学方式的新视角，引导他们更关注学生之间的互动，使教学更加灵活和个性化。社会互动原则的实践有助于创造更具社会性、情感性和文化性的学习体验，为学生的全面发展提供更为丰富的支持。

四、反馈和评估原则

反馈和评估原则是教育理论中的一个基本原则，其重要性在于提供及时、具体的反馈，以促进学生的学习和发展。虽然多个教育理论都强调了反馈和评估的重要性，其中以行为主义和认知心理学为基础的教育理论尤为关注。在行为主义理论中，强调通过奖励和惩罚来塑造学习行为，而反馈被视为对学生行为的直接影响。然而，在认知心理学和认知建构主义理论中，反馈不仅仅是对行为的影响，更是对认知过程的支持和引导。这里，以认知心理学家班杰明·布鲁姆和认知建构主义的代表之一瓦尔多·柯赫斯基的理论为例，说明反馈和评估原则的理论依据。认知心理学强调了反馈对于认知过程的关键作用。布鲁纳提出的构想性学习理论强调学习是个体建构自己理解的过程。在这个过程中,反馈被视为激发学生思考、调整认知结构的重要工具。良好的反馈不仅告诉学生他们做得怎么样,更重要的是指导他们如何改进,引导他们建构更深层次的理解。认知建构主义理论强调学习是一个社会性的、交互性的过程。瓦尔多·柯赫斯基的社会文化理论强调了社会互动对于学习和发展的影响。在这一理论框架下,反馈被认为是学生与他人共同建构知识的过程中不可或缺的元素。通过社会互动,学生能够获得来自教师和同伴的反馈,这有助于调整个体的认知结构,促进更高层次的学习。在应用反馈和评估原则的教学中,教育者不仅要提供及时、具体的反馈,还要关注学生的认知过程和社会互动。这可以通过定期的形式和非形式的评估活动来实现,包括作业、项目、小组讨论和个体反思等。评估应当是一个持续性的过程,而不仅仅是学期末的总结。通过及时的评估,教育者能够更好地了解学生的学习进展,为他们提供更有针对性的指导。这种形式的评估也有助于学生自我监控和自我调整,培养他们的学习动机和自主学习的能力。在实践中,教育者需要灵活运用各种形式的反馈和评估方法,包括口头反馈、书面反馈等。这有助于满足学生个体差异,更好地激发他们的学习兴趣和潜能。反馈和评估原则是多个教育理论的交汇点,它强调了学生在学习中的主动性和社会性,并在教学实践中提供了有力的指导,促使学生更加深入地理解和应用所学知识。

五、教育公平原则

教育公平原则是教育理论中的一个基本原则,其根基主要源自社会正义理论和平等机会的概念。这一原则强调在教育领域推动公平,确保每个学生都有平等的机会接受优质的教育,无论其社会经济背景、种族、性别或其他因素是否存在差异。这一理论中的重要代表人物包括美国哲学家约翰·罗尔斯(John Rawls),他在其经典著作《正义论》中提出了社会正义的原则,其中包括公平和平等的概念,为后来的教育公平理论奠定了理论基础。教育公平原则注重消除不平等。这包括经济上的不平等,通过提供财政支持和资源投入,确保所有学生都有平等的教育资源。同时,也关注社会和文化方面的不平等,通过提供包容性的教育环境,尊重和认可学生的多元文化背景,以促进公平的学习机会。教育公平原则关注个体差异。每个学生都是独特的,其学习风格、能力和兴趣都有所不同。在教育公平的理念中,教育者应当采用差异化教学方法,关注个体学生的需求,确保每个学生都能够在学校中充分发展。教育公平原则强调提供平等的机会。这包括对于特殊需求群体的关注,如残疾学生、英语学习者等。通过提供适应性和包容性的教育策略，确保每个学生都能够参与到教育过程中，充分享受学习的机会。教育公平的实现需要从多个方面入手，包括政策层面的改革、资源分配的公平、教育机构的包容性及教育者的专业发展。只有全社会共同努力，才能真正实现教育的公平，使每个学生都有机会充分发展自己的潜力。教育公平原则是一个全面的理念，涵盖了经济、社会、文化等多个层面。其目标是在教育领域中消除不平等，为每个学生提供平等的机会，使他们都能够在教育中实现自己的梦想和目标。这一原则是现代教育理念中不可或缺的一部分，为构建更加公正、平等的教育体系提供了指导方向。

六、适应性原则

适应性原则是教育理论中的一个基本原则，其主要涉及教育过程中的个体差异和学生多样性的问题。这一原则的理论基础可以追溯到认知心理学、差异化教学及个别差异理论等多个领域，没有明确的单一提出者。在适应性原则的指导下，教育者注重个体学生的需求和差异，采用多样化的教学方法，以更好地满足每个学生的学习需求。适应性原则强调个体差异。每个学生都是独特的，具有不同的学习风格、兴趣、智力和发展水平。在教育过程中，教育者应充分认识到这些差异，通过个体化的教学方式和策略，满足每位学生的学习需求。这有助于激发学生的学习兴趣，提高学习效果。适应性原则强调差异化教学。差异化教学是一种个体化的教育方法，旨在适应不同学生的需求和学习风格。教育者需要根据学生的能力水平、学科兴趣等因素，设计不同层次和形式的教学内容，确保每个学生都能够在适宜的挑战水平上学习，不至于感到无聊或过于困难。适应性原则强调学生参与和反馈。教育者应当积极与学生互动，了解他们的学习需求和反馈意见。通过及时的反馈机制，教育者能够调整教学方法，更好地适应学生的学习进展和困难。这种互动与反馈不仅可以提高学生的学习动机，还能够促进教学的持续改进。适应性原则还强调个体差异的正向视角。不同的学生有着各自独特的优势和潜力，教育者应当致力于发掘和发展这些优势，为学生提供更多展示自己才华的机会。通过正面的激励和支持，学生更容易建立自信，更积极地参与学习。在实际教学中，适应性原则的运用需要教育者不断提升教育教学的专业水平，善于借助现代技术和教育工具，个性化地设计教学内容。这也需要教育机构在政策层面提供支持，创造有利于教育个体差异的环境和条件。适应性原则强调在教育过程中关注个体学生的差异，通过个性化的教学方式满足他们的学习需求。这一原则是建立以学生为中心的现代教育体系的基石，为实现教育公平和提高学生整体素质提供了理论指导。

第二节　教育模式的分类与应用

一、教育模式的分类

（一）传统教育模式

1. 讲授型教育模式

讲授型教育模式是一种传统的教学方法，以教师为中心，通过教师的讲解和传授知识为主导，学生在这一过程中扮演被动接受者的角色。这一模式的应用广泛，尤其在基础教育和高等教育的初期阶段，以及大规模的课堂环境中较为常见。在讲授型教育模式中，教师通常拥有专业知识和经验，通过口头讲解、演示、展示等方式向学生传递信息。这种模式强调教师的权威性和专业性，有助于确保学生获取系统化的基础知识。教师通过课堂讲解能够在相对短时间内向学生传递大量信息，为学生提供学科的基础理论。讲授型教育模式的特点之一是教学内容的一致性，即所有学生在同一时间内接受相同的信息。这种一致性有助于建立一个共同的学科基础，使学生具备相似的知识背景。此外，讲授型教育模式通常具有高效性，能够在短时间内向大量学生传递知识。讲授型教育模式也存在一些挑战和争议。首先，学生在这一过程中通常是被动的接受者，缺乏主动参与和深度理解的机会。教学过程可能较为单一，缺乏互动和学生之间的合作。其次，对于不同学生的学习差异和个体需求，讲授型教育模式相对较难灵活应对。尽管讲授型教育模式在一定情境下仍然有效，但现代教育理念强调学生的主动参与、批判性思维和综合能力的培养。因此，教育者在选择教育模式时可能会考虑将讲授型教育模式与其他教学方法结合，以创造更为丰富、互动和个性化的学习体验，更好地满足学生在知识获取和综合能力培养方面的需求。

2. 课堂教学模式

课堂教学模式是一种常见的教育模式，以教室为基础，教师和学生在同一物理空间内进行面对面的教学活动。这一模式在传统教育中占据重要地位，为学生提供了集中获取知识和进行学术交流的场所。在课堂教学模式中，教师在教室中担任主导角色，通过讲解、演示、提问等方式向学生传递知识。学生则作为课堂的参与者，通过聆听、互动、讨论等方式积极参与教学过程。这种面对面的交流模式有助于建立教师与学生之间的密切联系，促进学生对知识的理解和掌握。课堂教学模式的优势之一在于能够实现实时的师生互动。教师可以及时回应学生的问题，解释难点，激发学生的思考。同时，学生在面对面的环境中能够更直接地获取教师的反馈和指导，有助于提高学习效果。此外，课堂教学还能够为学生提供同伴互助和群体学习的机会，培养团队协作和沟通能力。然而，课堂教学模式也存在一些挑战。教室内的学生群体可能具有不同的学习风格和进度，而传统的课堂教学难以满足每个学生的个性化需求。此外，有些学生可能更喜欢独立学习或通过其他方式获取信息，而传统的面对面模式不能完全满足这些学生的学习偏好。随着科技的发展，现代教育逐渐引入了新的教育技术和在线教学平台，这使得课堂教学模式变得更加多样化和灵活。教育者开始探索如何在传统面授课堂中融入更多互动、实践和个性化的元素，以更好地满足学生的学习需求。因此，在选择教育模式时，教育者需要综合考虑不同的教学方法，创造丰富多彩、符合时代潮流的学习环境，培养学生综合素养。

（二）现代教育模式

1. 互动式教学模式

互动式教学模式是一种强调学生参与和互动的教育方法，旨在激发学生的主动学习和批判性思维。与传统的单向传授模式不同，互动式教学强调学生在教学过程中的积极参与，通过讨论、交流、合作等方式促使学生更深层次地理解和掌握知识。在互动式教学模式中，教师充当引导者和促进者的角色，通过提问、引导讨论、组织小组活动等方式激发学生的思考和表达。学生则被鼓励分享观点、提出问题，并与教师和同学进行有效的互动。这种教学方式旨在建立起学生与学生、学生与教师之间的积极互动，创造开放的学习氛围。互动式教学模式的优势之一在于促进了学生的参与度和学科理解的深度。学生通过积极的互动，能够更好地理解抽象概念，培养批判性思维和问题解决能力。此外，互动式教学还有助于建立学生之间的合作关系，提高团队协作和沟通技能。互动式教学模式也需面对一些挑战。确保每个学生都能够充分参与，防止某些学生被边缘化是一个重要的问题。同时，互动式教学对教师提出了更高的要求，需要灵活地应对不同学生的反应，并在教学过程中及时调整教学策略。随着技术的不断发展，互动式教学模式在在线教育和虚拟教室中得到了更为广泛的应用。通过在线平台，学生可以在虚拟空间中进行实时互动，共享资源和合作学习，拓展了互动式教学的可能性。在未来，互动式教学模式有望继续发展和创新，成为教育领域中一种更为普遍、有效的教学方法。

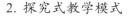

2. 探究式教学模式

探究式教学模式是一种强调学生主动探究和发现知识的教育方法，目的在于培养学生的独立思考、问题解决和实际运用能力。这种模式突破了传统的知识传授模式，鼓励学生通过提出问题、进行实地观察、实验和研究，从而深入理解学科知识。在探究式教学模式中，教师不再仅仅是知识的传递者，而是成为学生学习过程的引导者和支持者。学生通过参与问题的探究、实验、调查等活动，逐渐发展出主动学习的习惯。这种模式注重培养学生的探究兴趣和学习动机，激发他们对知识的好奇心，使学习过程更为有趣和深刻。探究式教学模式的优势之一在于培养了学生的批判性思维和自主学习能力。学生通过自主探究，不仅能够理解知识的表面，更能够深入思考问题背后的原理和关联。此外，探究式教学还有助于培养学生的问题解决能力和创新思维，使其具备更强的综合素养。探究式教学模式也面临一些挑战。学生需要具备足够的自主学习能力和学科基础，才能更好地进行探究活动。其次，教师需要在课程设计和指导上投入更多的时间和精力，确保学生能够在探究中获得有效的指导和支持。随着科技的不断发展，探究式教学模式也在在线学习和虚拟实验中得到了更为广泛的应用。通过虚拟实验室和在线资源，学生可以在虚拟环境中进行实验和探究，拓展了学习的可能性。未来，随着教育技术的不断进步，探究式教学模式有望继续为学生提供更为深入和实际的学习体验，成为培养创新型人才的有效途径。

3. 项目化学习模式

项目化学习模式是一种强调学生通过参与实际项目来获取知识、发展技能和解决问题的教育方法。在这一模式中，学生不仅仅是知识的接收者，更是项目的参与者和创造者。通过实际项目，学生能够将理论知识应用到实际情境中，培养综合素养和解决实际问题的能力。在项目化学习模式中，学生通常会面临一个真实或模拟的问题，需要在团队合作的环境中提出解决方案。这种模式注重跨学科的整合，要求学生综合运用各类知识和技能，从而更好地应对复杂的现实挑战。教师在项目中充当导师和指导者的角色，引导学生思考、规划项目，提供必要的支持和反馈。项目化学习模式的优势之一在于培养了学生的团队合作和沟通技能。通过参与项目，学生需要有效地与团队成员协作，分享责任，学会倾听和表达意见。此外，项目化学习还能够培养学生的创新思维，激发他们的学习兴趣，使学习过程具有深度和动力。项目化学习模式也面临一些挑战。学生在项目中需要较高的自主学习能力和团队协作能力，这对于一些学生可能是一项挑战。同时，教师需要在项目设计和管理上付出更多的努力，确保项目的质量和有效性。随着社会对综合素养的需求不断增加，项目化学习模式在现代教育中受到越来越多的关注。通过实际项目，学生能够更好地应对未来职场和社会的复杂性，培养适应变革和解决问题的能力。未来，项目化学习模式有望在教育领域中发展得更加深入和广泛，成为培养具有全面素养的学生的有效途径。

二、教育模式的主要应用

（一）传统教育模式的应用

传统教育模式是一种在过去几个世纪中普遍存在的教育方式，其核心特征是以教师为中心，强调知识传授和学生的被动接受。在这种模式下，教室被视为知识传递的场所，而教师的角色主要是讲解、解释和传授知识。传统教育模式的应用广泛，尤其在基础教育和高等教育的初期阶段。教师在这一模式中通常拥有专业知识和经验，通过课堂讲解、演示、展示等方式向学生传递信息。学生在这一过程中扮演被动接受者的角色，通过听讲、记笔记等方式获取知识。这种模式的优势之一在于能够确保学生获取系统化的基础知识。教师在短时间内能够向学生传递大量信息，建立学科的基础理论。传统教育模式也具有一致性，即所有学生在同一时间内接受相同的信息，有助于建立一个共同的学科基础。传统教育模式下学生在这一过程中通常是被动的接受者，缺乏主动参与和深度理解的机会。教学过程可能相对单一，缺乏互动和学生之间的合作。其次，对于不同学生的学习差异和个体需求，传统教育模式相对较难灵活应对。随着教育理念的不断演进和社会的发展，现代教育逐渐引入了新的教育理念和方法，挑战了传统教育模式。尽管如此，传统教育模式在一定的情境下仍然有效，特别是在传授基础知识和建立学科框架的阶段。在现代教育实践中，教育者可能会结合传统教育模式与其他教学方法，创造更为丰富、互动和个性化的学习体验，以更好地满足学生在知识获取和综合能力培养方面的需求。

（二）互动式教学模式的应用

互动式教学模式是一种强调学生参与和互动的教育方式，通过积极的学生参与，促使学生更深层次地理解和掌握知识。这一模式的应用已经在现代教育中得到广泛采用，为学生提供了更具体、更个性化的学习体验。在互动式教学模式中，教学环境更加开放和灵活，学生不再仅仅是知识的被动接收者，而是积极参与到教学过程中。教师在这一模式中担任引导者和促进者的角色，通过提问、引导讨论、组织小组活动等方式激发学生的思考和表达。学生在这个过程中能够自由地表达观点、提出问题，并与教师和同学进行有效的互动。互动式教学模式的应用涉及到各个学科和教育层次。在科学课堂上，学生可以通过实验和小组讨论来深入理解科学概念；在语言课堂上，互动式教学模式有助于学生提高语言运用的能力和沟通技巧。在高等教育中，互动式教学更强调学生的独立思考和创新能力，培养终身学习的习惯。互动式教学模式的应用带来了多重益处。首先，它促进了学生的主动学习，激发了他们的学习兴趣。学生在参与互动的过程中更容易保持专注，更深刻地理解和应用所学知识。其次，互动式教学有助于培养学生的批判性思维和解决问题能力。通过与他人的互动，学生不仅能够理解多元化的观点，还能够更好地运用所学知识解决实际问题。此外，互动式教学模式培养了学生的团队协作和沟通技能，为未来职场做好了铺垫。互动式教学模式的应用也面临一些挑战。首先，确保每个学生都能够充分参与，防止某些学生被边缘化，需要教师更灵活地应对不同学生的需求。其次，教师需要具备更高水平的教学技能，能够在课堂上灵活运用各种互动手段，确保教学效果。互动式教学模式的应用在现代教育中具有重要的地位。通过积极的学生参与和互动，教学过程更加生动有趣，学生更容易理解和掌握知识。这种模式不仅有助于学生在学科知识上的提升，更培养了他们的综合素养和创新能力，为未来的学习和工作奠定了坚实的基础。

（三）在线教育模式的应用

在线教育模式是一种基于互联网技术的教育方式，已经在全球范围内广泛应用。通过在线教育，学生可以通过网络平台获得各种学科的课程，灵活安排学习时间，实现异地学习、自主学习的目标。在线教育模式的应用打破了时空的限制，为学生提供了更为灵活的学习方式。学生可以随时随地通过互联网接入课程，不再受到地理位置的限制。这种便捷性使得在职人士、全日制学生和其他有特殊需求的群体都能够更方便地获取知识。在线教育模式注重个性化学习，通过智能化技术和学习分析系统，根据学生的学习表现提供个性化的学习路径和资源。学生可以根据自身的学习进度和兴趣选择课程，更好地满足个性化学习需求。这种个性化学习有助于提高学生的学习积极性和自主学习能力。在线教育模式的应用拓展了教育资源的共享。学生可以通过在线平台获取来自世界各地的顶级大学和专业机构的课程，极大地拓宽了学科的广度和深度。这种全球化的教育资源共享促进了国际的学术交流和合作。尽管在线教育模式带来了众多优势，但也面临一些挑战。首先，学生在自主学习过程中需要具备较强的自律性和管理能力，能够有效地安排学习时间和任务。其次，教师需要适应新的教学方式，灵活运用在线教育工具和资源，提供在线互动、反馈和支持，确保教学效果。随着科技的不断发展，在线教育模式将继续在全球范围内得到推广和深化。在线教育为学生提供了更灵活、个性化的学习体验，有助于满足不同学生的学习需求。未来，随着在线教育技术的不断创新和完善，这种教育模式将更好地服务于广大学习者，成为现代教育领域的重要组成部分。

（四）混合式教育模式的应用

混合式教育模式，又称为融合式教学或混合式学习，是一种将传统面对面教学与在线远程教学相结合的教学方法。这种模式旨在整合两者的优势，为学生提供更为灵活、个性化的学习体验。在混合式教育中，学生可以通过面对面的互动和在线学习相结合，更全面地发展各种能力。混合式教育模式在时间和地点上提供了更大的灵活性。学生可以在课堂内外通过在线平台获取课程资源，随时随地进行学习。这种自主安排学习时间的方式使学生能够更好地适应自身的生活和工作安排，提高学习效率。混合式教育注重个性化学习。通过在线平台的学习分析和数据反馈，教师可以更全面地了解学生的学习状态和需求，为其提供个性化的学习路径和支持。这种个性化学习有助于更好地满足不同学生的学科背景和学习风格。混合式教育模式强调学生与教师之间的互动。在传统课堂教学中，学生可以通过面对面的讨论、互动和实践活动，培养批判性思维和团队协作能力。而在线学习则提供了更多的资源和工具，拓展了学生在互动方面的可能性。混合式教育模式也面临一些挑战。首先，学生需要适应不同学习环境和学习方式，对于一些学生可能存在适应期。其次，教师需要更多地投入课程设计和学生支持方面，确保混合式教育的平衡性和高效性。混合式教育模式在现代教育中有着广泛的应用前景。通过整合传统教育和现代技术手段，混合式教育能够为学生提供更为灵活和个性化的学习机会，培养学生更全面的素养和适应未来社会的能力。未来，混合式教育模式将继续发展，为学生提供更多元、更具创新性的学习体验。

第三节　教育技术与教育理论的融合

一、构建个性化学习环境

教育技术与教育理论的融合旨在构建个性化学习环境，为学生提供更灵活、个性化的学习体验。这一趋势是对传统教学模式的一次深刻变革，通过整合先进的技术手段和教育理论，创造出更符合学生个体差异、更具有适应性和创新性的教育模式。个性化学习环境的构建基于多种教育理论，其中包括认知学习理论、社会建构主义理论，以及个性化学习理论等。认知学习理论认为学习是一个个体的思维过程，注重个体学习者的认知结构和思维活动。通过结合认知学习理论，教育技术可以提供智能化的学习平台，根据学生的学习行为和表现，个性化地调整教学内容、难度和形式，使学生更容易理解和吸收知识。社会建构主义理论强调学习是社交的过程，个体通过与他人的互动和合作来建构知识。在构建个性化学习环境时，教育技术可以通过社交媒体、在线协作工具等方式，促进学生之间的互动和合作。这种互动不仅仅是对理论的应用，更是对学生社交学习需求的深刻理解，通过技术的支持使得学生在社交互动中更好地理解和应用知识。个性化学习理论则更加直接地关注学生个体差异，强调每个学生都是独特的学习者，需要根据其学习风格、兴趣和进度来个性化地设计教育体验。通过整合这一理论，教育技术可以通过学习分析、大数据等手段，深入挖掘学生的学习偏好和需求，为其提供个性化的学习路径和资源。在构建个性化学习环境的过程中，教育技术通过多元化的方式来满足学生的学习需求。智能化的学习管理系统可以帮助教育者追踪学生的学习进展，从而更好地了解其学术能力和兴趣爱好。同时，虚拟实境技术、在线教学平台等工具能够提供更具交互性和沉浸感的学习体验，从而激发学生的学习兴趣和主动性。构建个性化学习环境也面临教育技术需要充分考虑学生的隐私和数据安全问题，确保个性化学习不侵犯学生的权益。其次，个性化学习环境需要更多的投入，包括技术设备、系统维护和教师培训等方面的资源支持。最后，个性化学习环境的成功建立还需要学生和教师对新模式的积极接受和适应。通过将教育技术与教育理论有机融合，构建个性化学习环境不仅符合不同学生的学习需求，也推动了教育向更加灵活、个性化、创新的方向发展。这一融合不仅仅是对技术的应用，更是对多元化、个性化学习理念的深刻理解和实践，有望为学生提供更为丰富和有益的学习经验。

二、促进互动和合作

教育技术与教育理论的融合在促进互动和合作方面为学习环境带来了显著的改变。这一融合不仅加强了学生之间的互动，更深化了学习是社交过程的理解。通过整合社会建构主义理论等教育理论，结合先进的技术工具，能够为学生创造更具互动性和合作性的学习体验。教育技术提供了多样的工具和平台，促进学生之间的互动。在线讨论论坛、即时消息系统、视频会议等技术手段使学生能够随时随地进行互动交流。这不仅有助于突破地理位置的限制，也为学生提供了更多与同学、教师互动的机会。通过这些工具，学生能够分享观点、交流经验，从而形成更加丰富和多元的学习社群。教育技术强调合作学习的重要性。在线协作工具、共享文档平台、虚拟团队项目等技术应用为学生提供了合作学习的便利条件。学生可以通过这些工具共同创建、分享和讨论学习资料，共同解决问题，培养团队协作和沟通能力。这种合作学习不仅仅是任务的分工合作，更是对问题的共同思考和解决。教育技术提倡个体在社交学习中的积极作用。社会建构主义理论认为学习是通过与他人的交往和社会情境中的活动来实现的。教育技术通过提供社交媒体、在线社区等平台，激发学生的积极参与，使其不仅仅是知识的接受者，更是知识的共建者。这种积极参与的学习方式有助于提高学生的学习主动性和深度。

通过促进互动和合作，教育技术与教育理论的融合创造了更加开放、动态的学习环境。学生通过互动可以更好地理解多元化的观点，培养批判性思维，形成更为广泛的社交网络。合作学习使得学生能够分享专业知识，共同解决问题，促使学习更加具有实践性和社会性。在这一融合的背景下，学生不再是被动地接收知识，而是积极参与构建知识的过程。这种学习方式不仅培养了学生的合作意识和团队协作能力，也更好地契合了当今社会对于具备团队合作和沟通技能的人才的需求。教育技术与教育理论的融合在促进互动和合作方面为学习提供了更为广阔的空间。通过提供丰富多样的工具和平台，促进学生之间的互动和合作，这一融合为培养具备综合素养和团队协作精神的学生提供了有力支持。未来，这一趋势有望不断推动教育模式的创新，为学生提供更加丰富和有益的学习经验。

三、倡导探究性学习

教育技术与教育理论的融合在倡导探究性学习方面为学习体验注入了新的活力。这一融合不仅拓展了学习的维度，更深化了对学习是主动探究的理解。通过整合建构主义理论等教育理论，结合先进的技术手段，能够为学生创造更具探究性和实践性的学习环境。教育技术提供了多样的工具和平台，支持学生进行主动探究。在线资源库、虚拟实验室、模拟环境等技术应用为学生提供了更多获取信息和实践的途径。学生可以通过互联网获取丰富的学科资料，利用虚拟实验室进行实际操作，模拟真实场景，从而深度参与到知识的构建和应用过程中。教育技术强调个体在学习中的积极作用。建构主义理论认为学习是通过个体在社会情境中主动建构知识的过程。教育技术通过提供在线协作工具、社交媒体等平台，鼓励学生分享、讨论、合作，促使学生成为知识的创造者和分享者。这一积极参与的学习方式有助于培养学生的问题解决能力和创新思维。教育技术鼓励学生在真实问题中进行实践性探究。通过引入虚拟实境技术、在线项目导向学习等手段，学生能够在模拟的真实场景中应用所学知识，解决实际问题。这种实践性的学习方式有助于学生更深刻地理解知识，并将理论应用到实际中，培养了学生的实际应用能力。通过倡导探究性学习，教育技术与教育理论的融合使学生从被动的知识接收者转变为主动的知识建构者。学生在探究的过程中培养了自主学习的能力，不仅能够获取知识，更能够理解知识的本质和应用方式。这种学习方式有助于激发学生对学科的兴趣，培养他们的自我驱动和持续学习的习惯。在这一融合的背景下，学生通过探究性学习能够更好地应对未知的挑战，培养批判性思维和解决问题的能力。此外，学生在探究性学习中更容易形成终身学习的态度，因为他们意识到学习不仅是获取知识，更是一个不断发现、理解和应用的过程。教育技术与教育理论的融合在倡导探究性学习方面为教育领域带来了深刻的变革。通过提供多元化的学习工具和平台，鼓励学生主动参与知识的建构，这一融合有望培养更具创造性和实践性的学生，推动教育向更为开放、灵活的方向发展。

四、提升反馈和评估

教育技术与教育理论的融合在提升反馈和评估方面为学习过程引入了更为精细化和个性化的机制。这一融合不仅深化了对学生学习进程的理解，更为教育者提供了更准确、及时的数据支持。通过整合建构主义理论等教育理论，结合先进的技术手段，能够为学生提供更为有针对性的反馈，为评估提供更多元化的途径。教育技术通过在线学习平台、智能化教育工具等手段实现了及时而精准的学习反馈。学生在学习过程中的表现能够被迅速记录并分析，从而为教育者提供了关于学生学习状态的详细信息。教育技术能够根据学生的学习进展，为其提供个性化的建议和指导，使学生能够更好地理解自己的优势和不足，及时调整学习策略。教育技术为教育者提供了更多元化的评估工具和数据来源。传统的考试评估方式存在一定的局限性，而现代教育技术引入了多样的评估手段，包括项目作业、在线讨论、虚拟实验室等。这些方式不仅更贴近实际应用，也更好地考察了学生的综合能力。同时，教育技术还能够通过大数据分析等手段，为教育者提供更全面、深入的评估结果，帮助其更好地了解学生的整体发展情况。教育技术通过引入自适应学习系统等工具，实现了个性化教育和评估。这种系统能够根据学生的学习风格、兴趣和水平，调整学习内容和难度，使学生能够在适宜的水平上挑战自己。个性化的学习和评估有助于激发学生的学习兴趣，提高其学习动机，进而取得更好的学习效果。通过提升反馈和评估，教育技术与教育理论的融合使学习变得更为个性化、灵活和有针对性。学生通过及时的反馈能够更好地理解自己的学习状态，及时调整学习策略，提高学习效果。教育者则能够更全面地了解学生的学习需求，更好地制订教学计划，推动课程的不断优化和改进。在这一融合的背景下，评估不再是简单的定量衡量，更是一个多维度、多层次的过程。教育者能够更深入地了解学生的个体差异，更有针对性地制订个性化的教学计划。这有望为培养更具创造性、独立思考和实践能力的学生提供更为有效的支持，推动教育朝着更个性化、灵活的方向发展。

五、拓展学科知识

教育技术与教育理论的融合在拓展学科知识方面为学科学习带来了新的维度和可能性。这一融合不仅通过先进的技术手段拓展了学科内容的呈现形式，更通过整合建构主义理论等教育理论，促进了学生在学科学习中的深层次理解和创造性思维。教育技术通过引入多媒体资源、虚拟实验室等工具，丰富了学科知识的呈现方式。学生不再局限于传统的教科书和黑板，而能够通过图像、视频、模拟实验等多样化的形式来接触和理解学科知识。这种多媒体的呈现方式有助于激发学生的学习兴趣，提高学科知识的吸收效果。教育技术通过在线学习平台、互动式教学工具等应用，促进了学科知识的互动性和参与度。学生可以通过在线讨论、实时互动等方式与教师和同学进行深入的学科讨论，共同探讨问题。这种互动式学习不仅能够促进学生对学科知识的深度理解，还能够培养学生的批判性思维和问题解决能力。教育技术通过引入项目导向学习、实践性任务等手段，将学科知识融入到实际问题中。学生通过参与真实项目、解决实际难题，不仅能够将学科知识应用到实际中，还能够培养实际解决问题的能力。这种实践性学习使学生更好地理解学科知识的实际应用价值，为其未来职业发展打下坚实基础。通过拓展学科知识，教育技术与教育理论的融合为学科学习注入了新的活力。学生通过多样的学科知识呈现形式，更灵活地接触和理解知识；通过互动式学习，更深入地参与到学科学习中；通过实践性学习，更好地将学科知识与实际问题相结合。这种融合为培养学生的创造性思维、综合能力和实际应用能力提供了更为有力的支持。在这一融合的背景下，学科知识不再是孤立的、抽象的存在，而是与实际问题相连接的、有深度的体系。这有望培养更具创造性和创新性的人才，使学生能够更好地应对未来社会的复杂挑战。因此，教育技术与教育理论的融合在拓展学科知识方面为学科学习带来了积极的变革。

六、提升教学效能

教育技术与教育理论的融合在提升教学效能方面发挥着关键作用，为教育提供了更为先进、灵活和个性化的教学手段。这一融合通过整合建构主义、认知心理学等教育理论，结合先进的技术手段，不仅拓展了教学的边界，还提升了教学的质量和效果。教育技术通过引入智能化教育工具、在线学习平台等应用，实现了教学内容的个性化和差异化。通过大数据分析学生的学习行为和表现，教育技术能够为每个学生提供量身定制的学习内容和教学方案。这种个性化的教学能够更好地满足学生的学习需求，提高学生的学习兴趣和动机，从而有效提升教学效能。教育技术通过引入在线互动工具、虚拟实验室等手段，拓展了教学的空间和形式。教育者不再受制于传统的教室和教材，而能够通过在线平台实现远程教学、实时互动。虚拟实验室等应用则为学生提供了更为灵活和安全的实践性学习环境，使教学更具创新性和实用性。教育技术通过引入多媒体资源、互动式教学等手段，提升了学生对教学内容的深度理解。图像、视频、模拟实验等多样的呈现形式使教学内容更为生动直观，激发了学生的学习兴趣。互动式教学则通过学生参与课堂讨论、小组合作等方式，加深了学生对知识点的理解和记忆。通过提升教学效能，教育技术与教育理论的融合使教学更具活力和灵活性。学生能够在更个性化、实践性的学习环境中获得更好的学习体验，而教育者则能够更精准地了解学生的学习情况，更有针对性地制订教学计划。这种融合有望推动传统教学模式向更为现代、创新的方向发展。在这一融合的背景下，教育效能不再仅仅是考试成绩的提高，更是学生全面发展的促进。教育者通过个性化教学和多样化的教学手段，能够更好地激发学生的学习潜能，培养其批判性思维、团队协作能力等综合素养。因此，教育技术与教育理论的融合在提升教学效能方面为教育领域带来了显著的进步。

第四节　教学模式选择的指导原则

一、目标明确原则

目标明确原则是指在选择教学模式时，应该明确教学的具体目标和期望的学习成果，并根据这些目标来选择最适合的教学方法。这一原则在教学设计中扮演着关键的角色，确保教育者在教学过程中有清晰的方向和指导，以达到预期的教育效果。教育者在教学模式的选择过程中应该首先明确教学目标。这包括确定课程的具体知识点、技能要求及培养学生的特定能力等方面。例如，如果教育目标是培养学生的创造力和批判性思维，那么可能选择探究式学习或项目导向学习作为教学模式，因为这些模式更注重学生自主思考和解决问题的能力。明确教学目标有助于确定适合的评估方法。不同的教学目标需要不同的评估方式来确保学生是否达到了预期的学习成果。例如，如果目标是培养学生的团队协作能力，那么评估可以通过小组项目、团队讨论等方式进行，而不仅仅是传统的考试评估。目标明确原则还有助于教育者选择适合的教学资源和教材。根据教学目标，可以精选相关的教材和多媒体资源，以支持教学过程。如果目标是激发学生对某一主题的兴趣，那么可以选择生动有趣、能够引发思考的教材和案例，以提高学生的学习积极性。明确教学目标还有助于个性化教学。教育者可以根据学生的学习特点和目标的不同，为他们提供更具个性化的学习支持。例如，如果学生在某个领域已经具有较高水平的掌握，可以为其提供更深入的拓展任务，而对于需要额外帮助的学生，则可以提供个性化的辅导。目标明确原则在教学模式选择中具有重要的指导作用。通过清晰明确的教学目标，教育者能够更有针对性地选择适合的教学模式，提高教学的效果和学生的学习体验。这一原则促使教育者将教学从更宏观的角度看待，使整个教育过程更加有计划和有组织。

二、学科特性原则

学科特性原则是指在选择教学模式时应当充分考虑不同学科的独特性和特点，以便更好地满足学科教学的需求。不同学科涵盖的知识领域、学科内容、学科目标等都有所不同，因此选择适合特定学科的教学模式显得尤为重要。不同学科对于知识的组织和呈现方式存在显著差异。例如，数学学科更注重逻辑推理和抽象思维，可能更适合采用讲授型教学模式，以便系统地传授基础概念和定理。而艺术类学科可能更倾向于采用探究式学习或项目导向学习，通过实践性的艺术创作培养学生的审美观念和创造力。学科特性也关系到学科中所涉及的技能和实践。某些学科可能更注重实践性的操作，例如工程技术、实验科学等。在这种情况下，项目导向学习或实践性学习模式可能更为适合，通过实际操作让学生深入理解理论知识，并培养实际解决问题的能力。学科的发展水平和知识体系的更新速度也是选择教学模式时需要考虑的因素。一些新兴学科可能更需要采用开放性、灵活性强的教学模式，以适应知识不断更新和发展的特点。相反，一些基础学科可能更适合传统的讲授型教学，强调知识的系统性和逻辑性。学科特性原则还涉及学科的跨学科性质。一些学科具有较强的交叉学科性质，例如计算机科学、生物信息学。在这种情况下，可以采用协作学习或跨学科项目学习，帮助学生更全面地理解和应用知识。学科特性原则强调了在教学模式选择中应当因材施教，根据不同学科的性质和特点来选择最为适合的教学方法。这种定制化的教学模式能够更好地满足学科教学的需要，提高学生对学科知识的理解和应用能力。教育者在制订教学计划时应认真研究和了解所教学科的特性，以便更科学、有效地选择和应用相应的教学模式。

三、学生差异性原则

学生差异性原则强调在选择教学模式时应全面考虑学生的个体差异，包括但不限于年龄、学科兴趣、学习风格、先前知识水平等方面。这一原则倡导差异化教学，使教育者能够更好地满足不同学生的学习需求，提供更为个性化的学习体验。学生的年龄和发展水平是个体差异中一个关键因素。年龄较小的学生可能更倾向于通过游戏和趣味性的教学活动进行学习，因此，教育者在选择教学模式时可以考虑采用互动式、游戏化的教学方法，以激发他们的兴趣。而对于年龄较大的学生，可以更多地采用探究式学习或项目导向学习，强调自主学习和团队协作。学科兴趣的差异性也需要得到重视。不同学生对各种学科可能存在浓厚的兴趣，因此，在教学模式的选择上，可以通过提供多样化的学科内容或设置项目选题，以满足学生不同的学科喜好，激发他们对学科的热情。学习风格是影响学生学习方式的重要因素。有的学生更偏好视觉学习，喜欢图表、图像等形式的呈现；而有的学生更倾向于听觉学习，喜欢通过听讲座、讨论来获取知识。在选择教学模式时，可以结合不同学生的学习风格，采用多元化的教学手段，以更好地满足他们的学习需求。学生的先前知识水平和学习能力也是差异性的关键因素。在实施教学模式时，教育者应当根据学生的先前知识水平进行合理的调整，避免过于简单或过于复杂的教学内容。对于学科基础较弱的学生，可以采用个性化的辅导方式，强调基础知识的巩固和提升。强调个体差异性原则还促使教育者关注学生的社交和情感需求。有的学生更适应群体合作学习，而有的学生更偏好独立学习。在教学模式的选择上，可以考虑设置协作学习项目，同时为那些更喜欢独立思考的学生提供个性化的学习任务。学生差异性原则在教学模式选择中强调了个性化教学的重要性。通过考虑学生的个体差异，教育者能够更好地制定符合学生需求的教学策略，提高学习效果和学生的学习体验。在实践中，灵活运用差异化教学方法，关注学生个体发展，有助于创造更为包容和有益的学习环境。

四、环境适应原则

环境适应原则强调在选择教学模式时应充分考虑教学环境的条件和特点，以确保所选模式在特定环境中能够顺利实施并取得最佳效果。这一原则将教学与实际教育场景相结合，使教育者更加注重教学实践的可行性和有效性。教学环境的条件包括教室设施、技术设备、学生数量等方面。在选择教学模式时，教育者需要根据实际情况评估教室的大小和设备的可用性。例如，如果教室配备了先进的多媒体设备，可以更好地支持互动式教学或在线学习模式。而在资源受限的情况下，可以选择更注重学生互助合作的教学方法，以最大化教学资源的利用。教学环境的特点包括学生的文化背景、社会背景及可能存在的特殊需求。环境适应原则要求教育者关注学生的多样性，采用能够适应不同文化和社会环境的教学模式。在国际化的教育环境中，可以选择注重多元文化交流的教学方式，促进学生之间的跨文化理解。特殊需求学生的存在也需要得到充分考虑。例如，对于有特殊学习障碍或残疾的学生，可以采用个性化的教学方法，提供适应其学习需求的资源和支持，以确保他们在相对平等的学习环境中取得成功。教学环境的动态性也是考虑的因素之一。随着科技的发展和社会的变化，教育环境可能会不断发生变化。因此，教育者需要灵活应对，选择适应变化的教学模式。例如，在面对突发事件或灾难时，可以迅速转向在线教学模式，以保障教育的连续性。环境适应原则还关注教学活动与实际生活和工作环境的贴近程度。教育者在选择教学模式时，可以考虑模拟实际工作场景的项目导向学习，使学生能够更好地应用所学知识和技能。环境适应原则使教育者在教学模式选择中更加关注教育实践的可行性和有效性。通过充分考虑教学环境的各个方面，教育者能够更科学地选择适合实际情况的教学模式，提高教学的适应性和实效性。这一原则促使教育者在教学设计中更注重与实际教育场景的契合，为学生提供更为有针对性和贴近实际的学习体验。

五、理论一致性原则

理论一致性原则强调在选择教学模式时应与相关教育理论相一致，以确保教学活动符合教育学科的理论框架和目标。这一原则旨在确保教学活动能够具有科学性、系统性，并有助于实现学生的学习目标。理论一致性原则要求教育者深入研究和理解相关的教育理论。不同的教育理论强调不同的教学观念、学习模式和目标。例如，建构主义理论强调学生通过积极参与和建构知识来学习，因此在教学中可以选择更强调学生自主探究和合作学习的教学模式。而行为主义理论强调通过奖惩机制塑造学生的行为，因此可能更适合一些强调直接指导和强化学习的模式。理论一致性原则鼓励教育者根据教育理论的要求，选择相应的教学方法和手段。例如，如果采用协作学习的教育理念，可以选择探究式学习、项目导向学习等教学模式，强调学生之间的互动和合作。而如果强调个体学习，可以选择个性化学习、在线学习等模式，满足学生不同的学习速度和风格。理论一致性原则还涉及教育目标和评估方法的一致性。教育者在选择教学模式时应确保所采用的方法和手段能够有效地达到教育目标，并符合相应的教育理论。同时，评估方法应当与教学模式相匹配，能够全面、准确地反映学生在所选择教学模式下的学习成果。理论一致性原则强调教学活动的科学性和系统性。通过确保所选择的教学模式与教育理论相一致，教育者能够更好地设计和组织教学活动，提高教学的系统性和科学性，使学生在更有组织的学习环境中获得更好的学习体验。理论一致性原则是指导教学模式选择的一个重要原则，有助于保证教学活动与教育理论的整体框架和目标相一致。这有助于提高教学的科学性和有效性，使教育者更好地运

用理论指导实践，为学生提供更为系统和科学的学习体验。

六、个性化教学原则

个性化教学原则是一项重要的指导原则，强调在选择教学模式时应充分考虑学生的个体差异，量身定制教育方案，以满足不同学生的学习需求和兴趣。这一原则体现了对学生个性的尊重，促使教育者更关注每个学生的独特性，以实现更为有效的教育。个性化教学原则要求教育者深入了解每个学生的学习风格、兴趣爱好、学科偏好等个体差异。通过个性化的学习风格评估和兴趣调查，教育者能够更全面地了解学生的特点，为其量身定制合适的学习体验。例如，有的学生更喜欢通过图表和图像学习，有的学生更倾向于文字表达，因此可以针对不同学生采用不同的教学方法。个性化教学原则强调在设计和选择教学模式时应考虑学生的学习速度和水平。不同学生在各个学科领域可能存在差异，一些学生可能需要更多的时间来掌握某些概念，而一些学生可能对某些知识已经有了一定的了解。因此，可以采用差异化教学的方式，为学生提供个性化的学习路径和资源，以确保每个学生在适当的水平上取得成功。个性化教学原则还强调在教学模式的选择上应注重学生的个体需求和目标。通过与学生进行定期的目标设置和评估，教育者可以更好地了解每个学生的学术目标和职业规划。在选择教学模式时，可以将学生的个体需求纳入考虑，帮助他们更好地实现个人发展目标。个性化教学原则强调教育者与学生之间的紧密合作。通过与学生建立良好的沟通和反馈机制，教育者可以更好地了解学生的学习感受和需求，及时调整教学策略。这种互动性的教学方式有助于建立积极的学习氛围，激发学生的学习动力。个性化教学原则是引导教学模式选择的一项重要原则。通过个性化的教学设计，教育者能够更好地满足学生的个体差异，提高学习效果，促使每个学生充分发展潜力，实现个人学业和职业目标。这一原则有助于构建更为个性化和灵活的学习环境，为学生提供更为有益和有意义的学习体验。

第三章

基于 IBL 的 ILT 人才教学培养模式

　　信息与计算科学与技术专业是工学领域的一颗璀璨明珠,而基于探究式学习(IBL)的英国教与学研究所(ILT)人才培养方案则是为培养高素质应用型人才而设计的创新性培养方案。该方案秉持着"产学合作、校企结合"的培养理念,旨在通过密切的校企合作,实现高校教学和企业实践的深度融合,使学生在大学阶段便能够深刻理解实际工作环境,积累丰富的实践经验,为未来职业发展打下坚实基础。在 ILT 人才培养方案中,校企双方通过充分协商,共同制定教学方案。这一过程中,高校充分考虑企业对人才的需求,灵活调整教学内容,确保培养出的学生具备符合实际用人需求的技能和素质。为了更好地实现理论与实践的有机结合,高校与企业共同建立实习基地,将企业的管理模式、运作机制、工作模式等有机融入实习活动中,使学生能够在真实的工作场景中进行实际操作,感受企业文化,提前适应职业生涯的挑战。重要的是,ILT人才培养方案采用企业项目驱动学生的实习活动。通过直接参与企业项目的开发过程,学生将理论知识应用于实际工程中,培养了解决实际问题的能力。这种项目驱动的学习模式不仅提升了学生的实际动手能力,也锻炼了其团队协作精神和创新思维。学生在这个过程中不仅仅是知识的接受者,更是问题的解决者和创新的推动者。为了更好地贴合地方经济对人才的需求,培养方案明确定义了以地方经济为原则的培养方向。通过深入了解当地产业结构和经济发展需求,高校调整教学计划,突出学生的能力培养为重点。在课程设置上,方案设计了 7 周的长周期软件开发综合训练,旨在通过实际项目的开发,提升学生的知识综合运用能力、学习能力、分析问题与解决问题的能力,以及职业能力和职业素质等方面的素养。这种长周期的培训不仅让学生有足够的时间深度学习,更能够培养他们在复杂项目中的团队协作和项目管理能力。ILT 人才培养方案在学生专业基础理论知识的学习上也不遗余力。教育部公布的相关专业规范中规定的专业基础课程被纳入教学计划,并且方案在此基础上进行了进一步的教学改革。通过结合实际应用需求,设置符合应用型人才培养的课程,使学生在理论学习中能够更好地理解知识的实际应用,培养解决实际问题的能力。这样的教学模式不仅加强了专业基础知识的掌握，更培养了学生的实际操作能力，为他们未来的职业发展打下坚实的理论基础。基于 IBL 的 ILT 人才培养方案不仅在理论与实践的融合上取得了显著的成就，更在学生能力培养、实际项目开发、职业素质提升等方面取得了令人瞩目的成果。这一培养方案的实施不仅有力地推动了高校与企业的深度合作，也为学生的综合素养提升提供了独特而富有成效的途径。ILT 人才培养方案的成功经验值得在其他专业和领域推广，为培养更多高素质应用型人才提供有益的参考。

第一节　教育理念和指导思想

在澳大利亚斯威伯尔尼科技大学，IBL 作为一种新型的教学方法，被广泛应用于工程类学士学位的教学过程。这一教学模式通过将学生送入企业实习，使其在实际职场环境中学习和工作，从而更好地培养学生的专业能力和职业素质。在 IBL 的教学过程中，学生在企业中担任雇员角色，接受企业导师、学术导师、IBL 协调员等多方面的指导。这种模式使学生在职业环境中不仅能够赚取薪水，而且能够深入了解实际工作情况，提高自身的竞争力。IBL 教学方法的核心理念是通过提供实习机会，让学生通过工程项目的学习更好地理解和熟悉职场环境，培养能够解决实际问题的人才。这种学习模式有助于学生建构相关理论和技术，使其能够更好地应对未来的职业挑战。IBL 已经逐渐成为各应用科技大学主要的教育模式和课程形式，为学生提供了更加贴近实际需求的教学体验。IBL 教学的设计思路是在校企双方的积极协商下进行的，高校根据企业对人才的实际需求制定教学方案，建立实习基地。这种方式不仅可以确保学生学到实际工作中需要的技能，还能使高校教师和企业项目工程师共同承担课程开发、学生管理、实习培训等教学任务，形成一体化的校企合作模式。学生通过参与实际工程项目的训练，不仅能够提高专业水平，更能够激发学习兴趣，培养实际问题解决能力。

在 IBL 教学方法中，建构主义学习理论被强调和运用。建构主义学习理论强调学生作为知识建构的主体，摒弃了传统教学中以教师为中心的模式。在 IBL 的学习环境下，学生不再是接受信息的对象，而是积极主动地建构知识。这符合 IBL 强调的学生主动性的特点，通过完成工程项目建构各自的知识体系，实现了知识的深度融合。建构主义理论同时强调情境对于知识建构的重要作用，而 IBL 教学方法正是通过建立基于行业的实习基地，让学生深度融入企业工作方式和管理模式，对所学知识进行改造与重组，从而完成新知识体系的建构。这种情境化的学习设计有助于学生更好地将理论知识应用于实际情境中，培养他们解决实际问题的能力。协作学习在建构主义理论中也占有关键地位，而在 IBL 教学方法中，通过项目合作完成教学活动，进一步培养了学生的团队合作意识与精神。在实际项目中，学生需要与团队成员合作，共同完成项目任务，这培养了学生的协作能力，提高了团队凝聚力。建构主义理论还强调对学习环境的设计，而 IBL 教学方法不仅强调通过工程项目训练达到知识建构，还强调在实际工作环境中完成学习过程。这种学习环境的设计有利于学生更好地适应未来的职业环境，使他们在实际工作中能够更加得心应手。建构主义理论强调利用各种信息资源支持"学"，而不是支持"教"。在 IBL 教学方法中，学生被视为学习的主体，他们通过实际项目的学习，借助各种信息资源，逐渐建构自己的知识体系。这种学习方式强调了学生的自主性和主动性。建构主义理论认为学习的最终目的是完成意义建构，而不是完成某种既定的教学目标。在 IBL 教学方法中，能力培养被设定为最终目标，不同于传统的基于学科体系的教学目标。通过工程项目训练，IBL 教学方法旨在培养学生的应用能力、职业素质，提高学生的学习兴趣，这与建构主义学习方法的最终目的是一致的。IBL 教学方法在设计和实施中充分体现了建构主义学习理论的核心观点。强调学生主动性、情境化学习、协作学习、学习环境设计、信息资源利用和最终目的是意义建构等特点，使得学生在实际工程项目中得以全面发展。IBL 教学方法不仅仅是一种教学手段，更是对传统教育理念的一种有益补充和创新，为学生提供了更加丰富和实践性的学习体验，为其未来的职业发展奠定了坚实的基础。

第二节　人才培养方案

一、人才培养方案的特色

ILT 人才培养方案凸显了其独特的人才培养特色，贯彻了应用型人才培养的基本原则，注重理论基础与应用能力的兼顾，强调知识学习与工作实践的有机结合。

第一，ILT 人才培养方案体现了贯彻应用型人才培养的基本原则。通过充分考虑理论基础和应用能力的培养，方案致力于培养既具备坚实理论基础，又能够灵活运用所学知识解决实际问题的应用型人才。这一基本原则的贯彻在整个方案中体现出来，不仅在学科课程设计上注重理论与实践的结合，还在实践教学环节中得以体现。通过这样的综合培养，学生将更好地适应未来复杂多变的职业环境。

第二，ILT 人才培养方案加强了"学习训练一体化"综合课程的建设，强化了课程体系的改革。学生将在校企合作实习基地进行为期 7 周的软件开发综合训练，这不仅有助于学生在真实的工作环境中学习和应用知识，还为其提供了与企业亲密合作的机会。这种紧密联系实际工作的综合课程培养模式，有助于学生更好地理解所学理论知识的实际运用，提升应用能力。同时，通过了解实习基地的运作模式，学生能够更全面地认知行业运作，为将来的职业发展打下更为坚实的基础。

第三，ILT 人才培养方案增加了实践教学课程，并搭建了实践教学平台，实践课程比例达到 50%。这种强化实践教学的做法不仅符合应用型人才培养的要求，更为学生提供了更多的实际操作机会。实践课程的比例提高到 50%意味着学生将有更多的时间投入到真实项目中，通过动手实践更好地掌握所学知识。这种实践教学的设置有助于学生培养实际问题解决的能力，提高其在职业领域的竞争力。

第四，ILT 人才培养方案中，教师和学生在教学过程中的地位发生了明显的改变。教师不再仅仅是知识传授者，更成为学生学习的组织者。教师在方案中的新角色涉及为学生联系实习单位、监督实习计划、解决学生学习中的问题等多方面。这种变化使得教师与企业之间的联系更为紧密，有助于确保学生在实习过程中能够得到充分的指导和支持。学生在方案中的新定位是学习的主体，他们通过主动感知、学习和操作，建构综合、全局的知识体系。这种学生主体的学习模式有助于激发学生的学习兴趣，培养其自主学习的能力，为其未来的职业发展打下更为坚实的基础。ILT 人才培养方案的特色不仅在于其贯彻应用型人才培养的基本原则，还在于加强"学习训练一体化"综合课程的建设、强化课程体系的改革，以及实践教学的强化等方面。教师与学生在教学中的新定位更是方案独特之处，这种变革有望推动学生更全面地发展，更好地适应未来复杂多变的职业环境。ILT 人才培养方案通过这些特色的设计和实施，有望为培养高素质的应用型人才提供更为有效和实用的教育模式。

二、人才培养方案的构建原则

人才培养方案的构建原则是人才培养体系设计的指导思想和框架，它直接关系到学生的综合素质和专业技能的培养。在构建人才培养方案时，要考虑到社会和职业的需求，使之符合"宽基础、精专业"的指导思想，同时要统筹规范、兼顾灵活，适当压缩理论必修、必选课，加强实践环节教学，设立长周期的综合训练课程，实施因材施教的教学方法。第一，人才培养方案要体现"宽基础、精专业"的指导思想。这一原则强调学生既要有广泛的综合素质，又要具备深厚的专业知识。在"宽"方面，要求覆盖本科的综合素质所需的通识性知识和学科专业基础知识，培养学生适应社会和职业需要的能力。而在"精"方面，则要求专业设置要根据企业需求适当缩窄口径，使学生在学习专业知识时既学精又学通。这种"宽基础、精专业"的培养理念有助于培养具备全面素质和深厚专业背景的应用型人才。第二，培养方案要统筹规范，兼顾灵活。统筹规范是指方案设计要以国内外同类专业设置标准或规范为依据，统一课程设置结构。课程按三层体系搭建：学科性理论课程、训练性实践课程和理论实践一体化课程。而"灵活"则强调根据生源情况和对人才市场的调研与分析，采用分层教学、分类指导的方式，对不同层次的学生进行管理。这种结合规范和灵活性的设计，使得培养方案既有统一的标准，又能够根据学生的个体差异和需求进行个性化的调整。第三，适当压缩理论必修、必选课，加强实践环节教学。这一原则强调理论知识的同时，注重学生在实践中的能力培养。实践教学可采用集中实践与按课程分段实践相结合的方式进行。高校应建立多种形式的实践基地，确保实践教学在人才培养的整个环节中不断线。通过实践，学生能够更深入地理解理论知识，培养解决实际问题的能力，提高实际工作的适应性。第四，设立长周期的综合训练课程，减小课堂与工作岗位之间的差异。通过工程项目训练，高校可以培养学生的职业能力、职业素质，提高学生的学习兴趣。这种长周期的综合训练课程能够使学生更好地适应未来职业生涯的挑战，将理论知识与实际工作有机结合，使学生在学习的同时具备更为实用的职业技能。最后，实施因材施教的教学方法。在充分论证的基础上，高校可以设立和组合特殊培养计划，对学生实施激励教育，鼓励学生参加技能培训以获得相应的学分。这种因材施教的方法能够更好地满足不同学生的学习需求，通过激励措施提高学生的学习积极性，使其更好地适应和融入培养方案。在构建人才培养方案的过程中，上述原则的综合运用能够形成一个有机、科学的培养体系。它不仅能够满足学科发展和社会需求的要求，也能够更好地培养学生成为具备全面素质、实际操作能力和创新能力的应用型人才。通过这样的构建，培养方案将更符合时代发展的潮流，为学生提供更为有效的学习路径和职业发展的支持。

三、人才培养方案的课程体系

ILT人才培养方案中的课程体系是一个有机、结构合理的培养框架，旨在为学生提供全面、实用的知识和技能，使其能够胜任未来职业发展所需的各种挑战。该方案包含学科性理论课程、训练性实践课程、理论实践一体化课程三层，以及自主教育课程，共179学分，为学生提供了较大的自主选择空间。下面将对该方案的课程体系进行详细阐述。学科性理论课程占总学分的63.7%，主要分为公共基础类和专业基础类两大类。公共基础类涵盖了思想政治理论、高等数学、大学物理、大学体育、大学英语等课程，为学生提供了广泛的综合素质培养。专业基础类则包括了与计算机专业相关的专业导论、高级语言程序设计等，为学生奠定了扎实的专业基础。训练性实践课程占总学分的33.5%，分为公共基础类和专业基础类两大类。这一层面的课程强调学生在不同领域的实践操作能力培养，其中包括了军事技能训练、英语强化、工作实践、计算机基础应用训练等，旨在通过实践让学生更好地学习理论知识。理论实践一体化课程占总学分的 50.8%，包括公共基础类和专业基础类两个方面。这一层面的课程设计旨在将理论知识与实际应用相结合，使学生在真实的工程项目中获得更为深刻的理解和实践经验。其中，面向对象与数据库综合性课程、软件开发综合性课程、系统集成综合性课程等专业类课程使学生能够更全面地了解和运用所学知识。自主教育类课程涉及开放式自主实践、创新创业教育、专业技术培训、校企合作置换课、网络资源课程、科技文化活动等，共计 5 学分。这一层面的课程旨在鼓励学生参与各类实际项目和科技创新活动，培养其创新精神和实践能力。在整个课程设置中，注重了公共基础课程与专业相关课程的结合，以及理论知识与实践操作的有机融合。此外，方案还为学生提供了丰富的选修课程，包括社会科学、人文科学与艺术、经济与管理、国防建设、体育、英语、计算机技术、数学、自然科学、物理等方面的课程，以满足学生个性化学习的需求。在课程实施方面，ILT 培养方案为学生提供了较大的自主选择空间。学生可根据自身特点及毕业志向提前或延期毕业、考研、就业等，在专业导师的指导下组合课程，形成个性化学习方案和学习计划。这种个性化的设置有助于激发学生学习的积极性，使其更好地适应和融入培养方案。ILT 人才培养方案的课程体系设计合理，注重理论知识与实践操作的融合，为学生提供了全面、实用的知识和技能培养。通过该方案，学生在学习的同时能够更好地适应未来职业发展的挑战，具备应对复杂工作环境的实际操作能力和解决问题的综合素质。

　　学生在进行必修课程的进程设计和选修课程的选择安排时，需要综合考虑个人兴趣、职业规划及学科知识的系统性。不同学生在学业规划上有着不同的需求，因此，制定科学、合理的培养方案对于确保学生成才目标的实现至关重要。以下是针对不同学生群体的具体建议：　年完成学业的学生，这一类学生的培养方案建议在第 1 学期至第 6 学期的阶段，每学期的总学分控制在 25 学分以内。在第 7 学期，安排 16 周左右的集中实践课程，以确保学生在四年内完成各教学模块对选修学分的要求。此外，应合理搭配每学期的选课模块，特别关注校级、院级选修课程的适当搭配，以确保学生全面发展，不仅有足够的专业知识，还有其他领域的综合素养。对于选学的全校性选修课程，建议每学期不超过 4 学分，自主教育类课程学分不超过 10 学分，以保持学业的平衡和多样性。毕业后直接就业的学生，对于这一类学生，建议在第 7 学期的前 8 周基本修满本培养方案规定的必修课程学分和各教学模块要求的选修学分。此时，学生要加强相应专业方向课程的学习，积极为就业创造条件。从第 7 学期的第 9 周起，学生应根据就业需要进一步加强专业课程的学习，并开始进行毕业设计和就业实习。这样的安排有助于学生在毕业时具备实际应用能力，提高就业竞争力。拟考研的学生需要在第 6 学期前完成必修理论课程及实践课程的学习（毕业设计除外），并基本修满培养方案各模块要求的学分。在第 7 学期，建议通过选修公选类和自主教育类的"两课"综合训练、英语综合训练、数学综合训练等校选课程及专业基础综合训练等院选课程，巩固公共基础知识和专业基础知识，为考研做好准备。这样的安排有助于学生在考研期间有更充分的时间提升学科水平，为升学做好充分准备。"3＋1"教改实验班的学生，这一类学生在前三年按照 ILT 人才培养方案进行学习，第 4 年深入企业参与实际项目的开发。前 6 学期的教学安排与非教改班的专业培养方案一致，第 7 和第 8 学期均为毕业设计实践环节。学生将直接进入企业进行实习，并且根据学生实际实习内容进行教学培养计划中第 7 学期相应课程的学分置换。这种实践导向的培养模式旨在让学生更早地接触实际工作，并增强他们的实际操作能力。拟参加学校与国外大学本科生交流项目的学生，对于有意参加交流项目的学生，建议加强大学英语课程的学习，通过英语技能训练提高听说能力。同时，要关注对方要求的互认学分的必修课程，确保在国外大学学习期间不会因学分不对等而受到阻碍。这样的准备工作有助于学生更好地融入国际学术环境，提高跨文化交流的能力。通过校企合作项目和企业职业培训获得自主教育学分的学生，这一类学生通过参加校企合作项目和企业职业培训获得自主教育类课程的学分后，可以考虑置换相关集中实践教学课程的学分。这种安排旨在充分认可学生在实际工作中所获得的经验和技能，为学生提供更多的学习途径和选择。在校期间选修专业特色课程和专业拓展课程的学生，这一类学生应根据各专业方向的特点和需要，在专业负责人的指导下进行选修，组成专业方向模块，并按班教学。这样的安排有助于满足学生对专业领域深度学习的需求，提高专业素养和实际应用能力。针对不同类型的学生，科学、合理的培养方案可以更好地满足其个性化的学业需求和职业发展目标，帮助学生更好地实现自身潜力。在培养方案的设计中，学校和学生应保持紧密沟通，灵活调整培养方案，以适应不断变化的学科和职业需求。

第三节　基础建设与实施环境

一、基础建设

（一）学科建设基础

学科建设是高校教学和科研工作的结合点，也是 ILT 人才培养方案实施的重要支撑，其基础体现在吸收高层次拔尖人才、建立完善的科研开发平台和齐心协作的学科团队等方面。在学科建设过程中，吸收高层次拔尖人才是至关重要的。这些人才不仅需要具备坚实的理论基础，还应该具备工程经验或技术研发能力，并在应用领域拥有广泛知识、创新能力和沟通能力。学科带头人的科研水平和能力直接决定了整个学科的水平和影响力。他们的引领作用不仅能够推动学科前沿研究，还能够为学生提供更高层次的学科指导和实践机会。在学科建设的过程中，建立完善的科研开发平台也是不可或缺的。应用型高校需要设立研究所、研究基地或中心、重点实验室等科研机构，以提供学者们展开深入研究的场所。这些平台的建立不仅能够促进科研成果的产出，还有助于为学生提供更多实践机会，培养其实际动手能力和创新精神。科研平台的完善对于吸引高水平的科研项目和团队至关重要，从而提升学校在学科领域的竞争力。学科建设需要有团队的齐心协作。学科发展离不开具备协同合作精神的学术团队。应用型高校应根据学科规划，不断调整学科队伍，建立合理的学术团队。这个团队需要在确立研究方向、建设研究基地及组织科研工作等方面展现出齐心协作的优势。通过齐心协作，可以更好地整合各方面的资源，提升学科的整体水平。此外，还能够通过团队的力量进行教学计划的改革，从而提高教学水平，培养出更具实际应用价值的人才。高校在实施 ILT 人才培养方案时，学科建设是其中至关重要的一环。通过吸收高水平的拔尖人才、建立完善的科研开发平台及齐心协作的学科团队，学校能够提高教学和科研的能力，为培养更具实际应用能力的人才奠定坚实基础。

（二）产学合作基础

学科建设是高校教学和科研工作的结合点，也是 ILT 人才培养方案实施的重要支撑，其基础体现在吸收高层次拔尖人才、建立完善的科研开发平台和齐心协作的学科团队等方面。在学科建设过程中，吸收高层次拔尖人才是至关重要的。这些人才不仅需要具备坚实的理论基础，还应该具备工程经验或技术研发能力，并在应用领域拥有广泛知识、创新能力和沟通能力。学科带头人的科研水平和能力直接决定了整个学科的水平和影响力。他们的引领作用不仅能够推动学科前沿研究，还能够为学生提供更高层次的学科指导和实践机会。在学科建设的过程中，建立完善的科研开发平台也是不可或缺的。应用型高校需要设立研究所、研究基地或中心、重点实验室等科研机构，以提供学者们展开深入研究的场所。这些平台的建立不仅能够促进科研成果的产出，还有助于为学生提供更多实践机会，培养其实际动手能力和创新精神。科研平台的完善对于吸引高水平的科研项目和团队至关重要，从而提升学校在学科领域的竞争力。学科建设需要有团队的齐心协作。学科发展离不开具备协同合作精神的学术团队。应用型高校应根据学科规划，不断调整学科队伍，建立合理的学术团队。这个团队需要在确立研究方向、建设研究基地及组织科研工作等方面展现出齐心协作的优势。通过齐心协作，可以更好地整合各方面的资源，提升学科的整体水平。此外，还能够通过团队的力量进行教学计划的改革，从而提高教学水平，培养出更具实际应用价值的人才。高校在实施 ILT 人才培养方案时，学科建设是其中至关重要的一环。通过吸收高水平的拔尖人才、建立完善的科研开发平台及齐心协作的学科团队，学校能够提高教学和科研的能力，为培养更具实际应用能力的人才奠定坚实基础。

（三）教学资源建设与条件

教学资源建设与条件是支撑应用型高校计算机科学与技术专业教学质量和人才培养的关键要素。这包括教学实践环境、教材建设及图书资源等方面的综合规划与发展。教学实践环境的建设至关重要。计算机科学与技术专业要求学生在实践中不断提升技能和解决实际问题的能力。因此，学校需要建设设备先进的实验室，包括但不限于软件开发工程实训室、微机原理与接口技术实验室、计算机网络系统集成实训室、通信网络技术实验室、数字化创新技术实验室等。这些实验室应当满足专业基础实践和专业技术发展的需求，以为学生提供良好的实践环境。教材建设是关系到学生获取知识的主要途径。在教学改革中，教材建设是一个重要的方面。教材质量直接关系到教学和人才培养的质量。因此，学校应该根据应用型人才的培养目标，紧密结合专业发展需要和学校定位，鼓励教师编写符合 ILT 人才培养方案要求、具有专业特色的专业教材。这不仅包括理论性的教材，还应注重实践性的案例分析和项目实践，以更好地培养学生的实际操作能力。图书资源建设是支撑计算机科学与技术专业教学科研的重要保障。图书馆在资源和服务两个方面都要发挥重要作用。首先，图书馆需要建设丰富的资源，包括图书、期刊、电子资源及各类数据库。这些资源应该覆盖专业所涉及学科的基础理论文献、教学参考文献、科学研究参考文献等，形成具有特色的、多学科、多层次、多载体形式的馆藏文献体系和数据库体系。其次，图书馆还需要在传统服务的基础上，充分利用现代化技术，开展以网络文献服务为中心的信息服务。这包括开发网上资源，建设网上信息服务平台，提供网上文献报道、网上信息导航、网上咨询服务等服务，以满足师生的信息需求。在整体规划中，学校应该注重三者之间的协同发展。例如，教学实践环境的建设需与教材的编写相互配合，以确保学生在实践中得到充分的锻炼和支持。而图书资源的建设则是保障教学和科研能够有足够的理论依据和参考文献支持。这种综合规划有助于形成一个有机、协同发展的教学体系，为学科专业的提升和教学质量的提高提供坚实的基础。教学资源建设与条件的全面发展是应用型高校计算机科学与技术专业教学工作的关键环节，通过不断优化实践环境、完善教材建设和提升图书资源水平，学校将更好地支持 ILT 人才培养方案的实施，培养出

更适应社会需求的高素质应用型人才。

二、实施环境

（一）产学合作

产学合作是应用型高校培养应用型人才的根本途径，是建设应用学科的重要基础，也是构建科技创新平台和提升高校自主创新能力的关键保障。在计算机科学与技术专业领域，开展产学合作已成为推动人才培养、科研创新和产业发展的有效手段。产学合作有助于克服人才培养和市场需求之间的差距。通过与企业合作办学，高校能够更加紧密地与实际产业接轨，深入了解市场的需求和趋势。这使得高校能够调整教学内容和方法，及时更新课程体系，确保学生所学知识和技能符合实际用工需求。这种差距的缩小有助于提升学生的职场竞争力，使其更好地适应并融入职业生涯。产学合作构建了全面的产学研联盟。计算机科学与技术专业依托学科领域的研究成果，与相关科研单位和企业形成紧密合作关系，共同建立了产学研联盟。这种联盟将学术界的研究力量与产业界的实践经验相结合，形成了全方位的创新合作。通过共享资源、开展联合研究项目，高校与企业共同推动了科技创新，为学科的发展提供了更加坚实的基础。产学合作为基于 IBL 教学模式的 ILT 人才培养方案构建提供了良好的基础。产学合作不仅通过实际项目的合作为学生提供了更加贴近实际的学习机会，也促使高校教师更深入地了解行业需求，不断调整和优化课程设置。同时，学生在产学合作项目中能够锻炼实际问题解决能力、团队协作精神和创新思维，从而更好地适应未来职业发展的挑战。计算机科学与技术专业通过产学合作，不仅促进了学科建设和创新研究，更为 ILT 人才培养方案的实施提供了有力的支持。这种紧密的产学合作关系将为高校和产业双方共同培养出更加符合社会需求的优秀人才，推动整个行业的可持续发展。

（二）教学管理与服务

高校教学管理是确保教学质量和人才培养目标实现的基础性工作，需要具备制度化、规范化和网络化等特点，以适应日益复杂的教学需求。在这一体系中，完善的教学管理机制和规章制度是确保高效运行的关键。多级教学管理层次的建立是一种行之有效的管理方式。学术委员会、专业负责人、课程群负责人和教研室主任等不同层级的管理机构共同构成了教学管理的多层次网络。学术委员会作为最高层次的决策机构，负责审定教学管理相关文件、推动科研发展规划、评估科研成果等。专业负责人和课程群负责人在专业和课程层面进行管理，涵盖了教学计划的审定、教学监督和检查、课程建设等方面。教研室主任则负责教学实施、教学进度的检查、教学研究和改革等。这一层次分明的管理结构有助于高效决策和执行，确保教学任务的顺利推进。完备的规章制度是保障教学管理的有力支持。规章制度的建立需要涵盖多个方面，包括但不限于教学建设、实践教学、教学研究与改革、质量评估、学生学籍等。在教学建设方面，可以制订人才培养计划管理、课程建设与管理、教材建设与管理等规章制度。实践教学方面可包括实验室建设专项管理、学科竞赛、实践教学改革等规章制度。教学研究与改革方面可制定专业建设与规划、教研项目管理制度、教学成果奖励制度等。质量评估方面可包括教学检查、质量评测、教学事故认定管理、督导队伍管理、评优管理等规章制度。学生学籍管理方面则需要成绩管理制度、学术处理制度、学生证管理、毕业自审管理、电子注册、学籍异动和往届生返校进修管理等规章制度。这些规章制度的建设有助于形成全面的、有序的教学管理体系，确保各项工作有章可循。在规章制度的制定和实施中，学校应考虑实际需求，紧密结合教学特点和学科特色，制定符合学科发展和人才培养目标的管理规定。此外，规章制度的执行需要得到全体师生的理解和支持，学校还可以通过培训和沟通渠道确保规章制度的有效实施。完善的教学管理机制和规章制度是高校确保教学工作有序、高效运行的基石。只有通过规范管理和明确制度，学校才能更好地适应不断变化的教育环境，实现对教学质量的科学管理和提升，更好地培养出适应社会需求的优秀应用型人才。

第四节　典型课程教学改革案例

在当今信息时代，为适应社会对人才培养的日益增长的需求，高等教育机构不断探索创新教学模式，其中 IBL 的实践性人才培养模式成为备受关注的焦点。这一模式注重培养学生的独立思考能力、问题解决能力及团队协作意识，符合实践导向的信息与通信技术（ICT）领域人才的培养要求。本节将深入探讨和分析基于 IBL 的 ILT 人才培养模式，并通过一个典型的课程教学改革案例，展示该模式在高等教育中的成功实践。IBL 注重培养学生在真实问题和情境中主动提出问题、寻找信息、进行分析和解决问题的能力。这与传统的知识传授型教学模式有所不同，更加贴近现实职场需求，培养出更具实践能力的专业人才。ILT 人才培养方案则在此基础上进一步整合跨学科知识，强调知识的综合运用，使学生能够更全面地理解和解决问题。通过深入研究基于 IBL 的 ILT 人才培养模式，以"软件开发综合训练"为例，通过典型案例的剖析，期望能够为教育界提供一些建设性的经验和启示，推动高等教育向更为贴近产业需求和培养创新人才的方向迈进。

一、课程特色

在 ILT 人才培养方案中，软件开发综合训练课程的特色突显了其在学生综合职业素质和应用能力培养方面的关键作用。这门专业必修课程于第 7 学期开设，为期 7 周，旨在为学生提供一个集成应用平台，以应对当前流行的软件开发方法与技术。该课程设计的核心目标是提升学生的综合职业素质，通过理论与实践的有机结合，加强学生的综合应用能力。软件开发综合训练的独特之处在于其以程序设计等基础能力为起点，以软件开发过程为主线，融合最新软件开发技术，形成一门具有综合性的课程。其中，企业的管理、运作和工作模式直接引入教学实践活动，全面贯彻基于 IBL 教学模式的ILT 人才培养方案。通过项目开发驱动学生的实践活动，学生以小组形式组成开发团队，承接真实或仿真课题，并按照项目管理方式接受各阶段检查，最终提交项目成果。这一综合性课程的核心亮点在于将学生置身于真实的软件开发环境中，通过团队协作的方式完成项目。这种项目化的学习模式有助于培养学生的软件开发能力、获取新知识的能力，同时锻炼团队合作、沟通表达等软实力。教师在课程中负责引导学生，适时开展有关新技术的知识讲座，确保学生在实践中不断更新自己的技术视野。软件开发综合训练课程为学生的毕业设计提供了基本支撑。通过在真实项目中的实践，学生积累了丰富的经验，为更复杂、更高水平的毕业设计奠定了基础。这种有机衔接课程与实际工作需求的教学模式为学生未来的职业发展提供了更为有力的保障。软件开发综合训练课程在 ILT 人才培养方案中的创新性教学设计，通过项目实践、团队协作等形式，为学生提供了更为贴近实际、更具挑战性的学习体验。这种综合性课程不仅有助于学生技术能力的提升，更培养了学生在团队协作、项目管理等方面的综合素养，为其未来职业生涯的成功打下了坚实的基础。

二、课程教学大纲

（一）课程概况

课程名称：软件开发综合训练

课程类型：理论实践一体化课程

学时学分：120 学时（7 周）/7 学分

先修课程：高级语言程序设计、面向对象程序设计、数据库管理与实践、软件工程

适用专业：计算机科学与技术专业

开课部门：信息学院

（二）课程地位、目的和任务

课程地位：专业必修课，计算机科学与技术专业第 7 学期的课程

课程目的：培养学生专业核心应用能力，实现学以致用，为学生从学校环境到工作环境的转变提供准备。

课程任务：提升学生综合职业素质和综合应用能力，使其更好地适应 IT 行业发展。

（三）先修课程和相关课程的联系与分工

先修课程有高级语言程序设计、面向对象程序设计、数据库管理与实践、软件工程与技术等。学生在学习本课程之前，需具备编写简单程序的能力、数据库的基本应用能力和软件工程的基本知识。

（四）课程内容与要求

基本内容：学生在选定的软件开发平台上完成软件项目开发的各个实践环节，穿插技术讲座使学生了解当前流行的开发方法与技术。项目涵盖实际工程项目，如科研项目管理系统、大学生足球联赛网站等。

基本要求：本课程为综合性课程，要求学生将学习过的各门独立课程的知识有效联系起来，实现综合运用。由有行业经验的教师负责组织，学生以小组形式组成开发团队，进行项目开发。

（五）教学方法与考核方式

教学方法：指导学生进行项目开发，教师作为顾问和项目主持人，穿插技术讲座，监督学生团队学习新技术并应用于项目开发中。

考核方式：采用过程性评价与总结性评价相结合的方法。过程性评价包括平时成绩，总结性评价主要基于最终完成的程序、设计报告和总结。成绩由个人过程性评价成绩（40%）、小组综合评价成绩（40%）、个人口试成绩（20%）综合确定。

（六）教学目标

教学目标旨在全面培养学生，重点提升其综合职业素质和应用能力，为顺利融入企业工作环境、更好地在 IT 行业发展奠定基础。通过软件开发综合训练课程，学生将深化对专业知识的理解，运用先修课程所学的高级语言程序设计、面向对象程序设计、数据库管理与实践、软件工程等基础知识，实践于实际项目中。培养学生的团队协作

与沟通表达能力，使其能够在真实工程项目中有效协同合作。通过项目开发过程，学生将接触和应用当前流行的软件开发方法与技术，提高解决实际问题的能力。最终目标是使学生具备在职业领域中脱颖而出的竞争力，更好地应对 IT 行业的不断发展和变化，为未来职业生涯的成功发展打下坚实基础。

三、课程实施与改革

为配合实践 ILT 人才培养方案，软件开发综合训练课程在实施方案中进行了多方位的改革。首先，课程在项目开发平台的选择上紧跟主流，采用了 Visual Studio.NET 和 J2SE 等当前流行的开发平台，以确保学生获得最新的开发经验和技能。课程要求学生以每 3 或 4 人组成一个开发小组，实现分工协作，模拟真实的职业团队合作环境。在这个过程中，教师扮演多重角色，包括组织者、IT 公司负责人、技术顾问和用户，以更好地引导学生适应职场的多样性和压力。在实施过程中，课程分为分组选题、项目开发和项目验收三个阶段。在分组选题阶段，教师作为组织者提供有实际应用背景的开发题目，学生根据个人兴趣和意愿选择项目，并组成开发团队。在项目开发阶段，教师以组织者、IT 公司负责人、技术顾问等身份参与，监督项目的进展，检查学生的设计和开发过程，促进学生之间的沟通和协作。学生以小组为单位进行项目分析、制订开发进度计划、编写系统规格说明书，进行功能、数据库及实施方案的设计，并独立完成项目中的具体任务。在项目验收阶段，学生进行成果展示，提交相关文档，并接受教师的全面验收。这一实施方案的核心在于通过模拟真实项目开发环境，让学生在团队协作中学习解决实际问题的能力，培养其独立获取新知识和应对职场压力的能力。此外，课程还注重引导学生通过多种渠道解决技术难题，以培养其创新能力。整个教学过程强调学生的实际动手能力和团队协作精神，使其更好地适应未来的职业发展。在进度安排方面，基于.NET 开发平台的软件开发综合训练课程进行了详细的教学单元、学时分配和教学条件规划。这一全面的改革旨在确保课程的顺利实施，学生能够在合适的学时内全面掌握项目开发所需的知识和技能。通过这一改革方案，软件开发综合训练课程更好地符合 ILT 人才培养方案的要求，为学生提供了更为实际和深入的学习体验。

第四章

基于 FH 的模块化教学模式

　　随着教育领域的不断演进和科技的迅速发展，传统的教学模式逐渐面临挑战。在这个信息时代，学生对知识获取和学习方式的需求也变得更加多样化和个性化。在这个背景下，模块化教学模式作为一种创新的教育方法崭露头角，为满足学生个性化学习的需求提供了新的可能性。"FH（Flexible and Holistic）"理念的模块化教学模式，这一模式旨在通过灵活性和全面性的教学方法，更好地满足学生不同背景和学科需求的学习特点。通过将课程内容拆分为独立的模块，学生可以按照自己的兴趣、学科方向和学习进度进行个性化选择和组合，从而提高学习的效果和满足个性化的学习需求。模块化教学模式的核心理念之一是灵活性。传统的线性教学模式通常按照固定的进度和内容进行教学，而模块化教学则通过将整个课程拆解为多个独立的模块，使得学生可以根据自己的学习速度和兴趣进行选择和学习。这种灵活性不仅使得教学更加贴近学生个体的需求，还能够激发学生更积极主动地参与学习。模块化教学模式强调全面性。每个模块都被设计为一个相对独立、完整的学习单元，涵盖了相关知识和技能。学生可以选择组合不同模块，形成更为全面的学习体验。这有助于培养学生的综合能力，使其在学习过程中获得更为全面的知识结构和技能体系。

第一节　教育理念和指导思想

一、教育理念

（一）灵活性和可选择性

基于翻转课堂和混合式学习的模块化教学模式（即基于 FH 的模块化教学模式）倡

导灵活性和可选择性的教育理念，旨在打破传统教学模式的刻板框架，为学生提供更自主、多元、个性化的学习体验。模块化教学模式注重提供学生更多的灵活性。通过翻转课堂，学生可以在自己的节奏下预习课程内容，提前建立基础知识，使得课堂时间更专注于实践、讨论和深度思考。这种灵活性不仅使学生能够更好地掌握知识，还激发了他们在学习过程中的主动性，促使个体学习过程更为高效和有深度。混合式学习的可选择性使得学生可以根据自身的学科需求和学习风格更灵活地获取知识。在线资源、数字化教材等提供了多样的学习渠道，学生可以根据自己的兴趣和习惯选择适合自己的学习方式，从而个性化地规划学习路径。这种可选择性不仅增强了学生对学习过程的掌控力，还有助于培养他们主动探索的学习态度。模块化设计强调每个模块都可以作为独立的学习单元，学生可以根据自身需求和兴趣选择参与。这种模块的可选择性使得学生在学习过程中更加个性化，能够深入研究自己感兴趣的领域，同时根据实际需求填补知识的空缺。学生有机会根据个体差异选择最适合自己发展的学科方向，这有助于培养更有深度和广度的知识结构。模块化教学模式为学生提供了更灵活的学科路径选择。学生可以根据个人兴趣和未来职业方向选择符合自己需求的学科模块，进而形成个性化的学科路径。这种个性化的学科路径选择使学生能够更好地发展自己的专业领域，提高学科深度。基于 FH 的模块化教学模式的教育理念强调灵活性和可选择性。通过翻转课堂、混合式学习和模块化设计，学生能够更自主地参与学习、更灵活地获取知识，使学习过程更加符合个体需求和兴趣。这一灵活性和可选择性的教育理念有助于培养学生的独立思考和学科兴趣，为其未来的职业和学术发展提供更广阔的可能性。

（二）主动参与和深度思考

基于 FH 的模块化教学模式强调学生的主动参与和深度思考，着眼于培养学生在学习过程中的自主性、批判性思维和深度理解的能力。翻转课堂的理念倡导学生在家预习课程内容，使得课堂时间可以更多地用于讨论和实践。这鼓励学生在自己的节奏下深入学习，从而在课堂上能够更加积极主动地参与问题讨论、案例分析等互动性学习活动。学生的主动参与不仅促使课堂氛围更加活跃，还使得他们能够更深层次地理解课程内容，从而更好地应用所学知识。混合式学习的方式为学生提供了多样的学习渠道，使他们能够根据自己的学科需求更灵活地获取知识。学生通过在线资源、数字化教材等途径主动获取信息，这种主动获取的过程培养了学生的主动搜索、筛选和整合信息的能力。学生可以在学习过程中通过深度思考，形成对知识的更深层次的理解，同时在多样化的学习资源中挑战自己的学科认知。模块化教学的设计使得每个模块都成为学生主动参与和深度思考的机会。每个模块专注于特定主题或技能，学生在学习过程中需要通过实际项目、案例研究等形式深度思考并应用所学知识。这种主动参与和深度思考的过程有助于培养学生对问题的深刻理解，提高他们的批判性思维水平。模块化教学模式还鼓励学生在团队协作中主动发挥作用，通过参与实践项目、小组讨论等方式，激发学生的创造性思维和解决问题的能力。学生在团队中共同面对实际问题，需要深度思考并提出创新性解决方案，这不仅培养了学生在复杂环境中的协作精神，也激发了他们的主动学习和领导潜力。基于 FH 的模块化教学模式通过翻转课堂、混合式学习和实践项目的设计，旨在激发学生的主动参与和深度思考。这一教育理念不仅促进了学生的学科兴趣和创造性思维，更培养了学生在解决问题和面对挑战时的自主性和深度思考的能力。这对于培养未来具备创新能力和领导力的综合型人才具有深远的意义。

（三）知识结构和系统认知

　　基于 FH 的模块化教学模式追求知识结构的灵活性和系统认知的深度，致力于帮助学生构建更为有机、多维的知识网络，培养系统性思维和跨学科的认知。模块化教学的设计使得每个模块成为一个独立的学习单元，强调知识的分块和组合。每个模块专注于特定主题或技能，学生在学习过程中需要深度思考并应用所学知识。这有助于学生逐步建立系统性的知识结构，使得他们对于学科内涵和内在联系的认知更为清晰。同时，模块化设计也为学生提供了选择的自由，使得他们能够更具目标性地构建个性化的知识体系。模块化教学鼓励学生进行跨学科的学习，通过模块的交叉设计促使学生在不同领域的知识间建立联系。学生有机会参与涉及多学科的模块，这使得他们能够更全面地认识一个问题、一个项目或一个主题，培养了跨学科整合的能力。这种综合性的思考方式有助于学生形成系统性认知，提高他们对于知识整体结构的把握。混合式学习强调线上线下资源的综合利用，为学生提供了广泛的学科材料，使得他们能够在不同领域中自主学习和拓展知识面。这种学科资源的多样性促使学生建立更为综合性的认知，不仅能够深入研究自己所感兴趣的领域，同时也能够在多学科的交叉中形成更为全面的认知结构。翻转课堂的理念强调学生在家预习课程内容，使得学生能够在课堂上更加专注于实践操作和问题讨论。这种分阶段学习的方式有助于学生更深度地理解知识，并在实践中应用所学概念，从而构建更为扎实的知识结构。学生通过实际问题的解决和课堂讨论的互动，逐渐形成对知识的系统认知。基于 FH 的模块化教学模式的教育理念旨在帮助学生构建灵活而深度的知识结构，培养系统性思维和跨学科的认知。通过模块化的设计、跨学科的学习及灵活的知识获取方式，学生能够在深度思考中形成系统性认知，更好地适应复杂多变的知识社会。这一教育理念对于培养具备全球视野和综合素养的学生具有积极的意义。

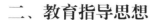

二、教育指导思想

（一）学生主导学习

　　基于 FH 的模块化教学模式秉承着学生主导学习的教育指导思想,着眼于激发学生的主动性、探索精神和自主学习能力,为其提供更加灵活、个性化的学习体验。翻转课堂的理念鼓励学生在家预习课程内容,使得课堂时间可以更专注于实践、讨论和深度思考。这种学生主导的学习方式使学生能够按照自己的学习节奏深入理解基础知识,培养主动搜索和解决问题的能力。学生通过自主预习,将掌握学科知识的主动权交还给了学生,从而使学习过程更具个性化。混合式学习的方式为学生提供了更多的选择权,使他们可以根据个人学科需求和学习风格更自主地获取知识。学生可以通过在线资源、数字化教材等渠道,根据自身兴趣和学科需求选择学习内容和方式,培养了学生自主学习的习惯。这种自主选择的权利不仅满足了学生的个性化需求,还激发了他们对学习的主动参与和投入。模块化教学的设计使得每个模块成为学生主动参与学习的单元,学生可以选择感兴趣的模块,根据自己的学科需求规划学习路径。这种模块的设计强调了学生在学习过程中的主动性,使他们成为学习的主体。学生通过选择模块,不仅能够更好地迎合自己的学科兴趣,还能够更有目的性地培养自己的专业素养。混合式学习和翻转课堂的结合为学生提供了更为灵活的学习环境,使得学生能够在自己的学习节奏下进行深入学习。这种灵活性不仅促进了学生对知识的更深层次理解,还培养了他们在自主学习中的自律和责任心。学生不再被动接受知识,而是通过主动学习成为知识的创造者和应用者。基于 FH 的模块化教学模式的教育指导思想强调学生主导学习,培养学生的主动性、自主学习和问题解决的能力。这一教育理念致力于塑造学生积极的学习态度,激发他们对知识的独立追求,为他们未来的职业和学术发展奠定坚实基础。通过学生主导学习,这一模式更好地满足了不同学生的学科需求和学习风格,培养了他们在知识社会中的综合素养。

（二）实践导向和问题解决

　　基于 FH 的模块化教学模式的教育指导思想突出实践导向和问题解决,旨在培养学生具备实际操作和创新解决问题的能力,使其在真实工作环境中能够应对复杂的任务。实践导向强调将理论知识与实际操作相结合,使学生能够在真实项目中应用所学概念。模块化教学的设计注重实践项目,学生通过参与项目实践,深度理解知识,并掌握将理论应用于实际情境的技能。这种实践导向的教学模式有助于打破传统教学的局限,让学生更早地接触实际工作场景，从而提前培养解决实际问题的能力。问题解决作为教育指导思想的核心，强调培养学生主动思考和解决问题的能力。模块化教学通过模块设计，设置具体问题和挑战，激发学生的兴趣和求知欲，引导他们主动参与问题解决过程。这种学生主导的问题解决方式培养了学生独立思考和创新的意识，使其能够在未知和复杂情境中迅速找到解决方案。混合式学习的特点使得学生能够利用在线资源和数字工具，迅速获取解决问题所需的信息。这种信息获取的方式有助于学生更广泛地了解问题，促使他们形成全局性的认知，培养综合性思维。通过解决实际问题，学生不仅加深对知识的理解，还培养了在面对挑战时勇于创新的品质。模块化教学模式的项目实践中，教师起到导师的作用，引导学生面对问题时提出合理的解决方案。这种导师式的辅导不仅使学生能够在实践中得到及时指导，更有助于他们形成系统的问题解决思路。导师的角色不仅在于解答疑惑，更在于引导学生形成独立思考和解决问题的能力。实践导向和问题解决的教育指导思想有助于培养学生的创新能力、团队协作能力及对实际问题的分析和解决能力。这种教育理念使学生从被动的知识接受者转变为主动的问题解决者，从而更好地迎接未来职业和社会的挑战。通过模块化教学，学生将能够在实际项目中锻炼所学知识，真正做到学以致用，为未来的职业发展奠定坚实的基础。

（三）导师式辅导

基于 FH 的模块化教学模式的教育指导思想强调导师式辅导，将教育的重心从传统的灌输转向引导，以培养学生独立思考、问题解决和创新能力为目标。导师式辅导在模块化教学中发挥着关键的作用。教师不再仅仅是知识的传授者，更扮演着导师的角色，引导学生在项目实践中积累经验、解决问题，并提供及时的反馈。这种导师式的辅导模式使学生能够在真实项目中应用所学知识，更好地理解理论，并在实践中培养创新和解决问题的能力。导师式辅导注重个性化指导，根据学生的兴趣、能力和发展需求制订个性化的学习计划。导师与学生建立密切的关系，了解学生的学习风格和目标，从而更有针对性地提供支持和指导。这种个性化的辅导方式有助于激发学生的学习兴趣，使他们更主动地参与到学习过程中。导师不仅是学科知识的传递者，更是学习过程中的合作伙伴。导师能够引导学生参与团队项目，共同解决实际问题。这种合作关系促使学生在团队中学会有效沟通、协作和领导，培养了团队协作精神，使学生更好地适应未来的工作环境。导师式辅导在模块化教学中强调问题导向的学习，通过引导学生解决真实世界中的问题，培养他们的问题解决能力。导师的角色不仅在于解答学科知识上的疑问，更在于引导学生提出深层次的问题、分析问题的本质，并指导他们寻找解决方案的途径。这种问题解决的过程使学生能够在实际问题中不断成长，形成扎实的解决问题的能力。导师式辅导还注重培养学生的自主学习能力。导师通过引导学生寻找并利用各类学习资源，使他们学会自主获取知识、批判性地思考和创新性地解决问题。这种自主学习的能力培养将使学生在未来的职业发展中更具竞争力。基于 FH 的模块化教学模式的教育指导思想强调导师式辅导，突出引导学生独立思考、解决问题和创新的能力。通过与学生建立更为密切的合作关系，导师能够更好地了解学生的个性化需求，提供个性化的支持和指导，使学生在模块化的学习环境中更全面、深入地发展。这一导师式辅导的教育指导思想为学生的全面发展和未来职业的成功奠定了坚实的基础。

第二节 人才培养方案

一、人才培养方案的特色

基于 FH 的模块化教学模式人才培养方案具有多方面的特色，这一方案旨在突破传统教学模式的限制，通过创新性的设计和灵活性的实施，培养学生成为具备综合素养和实际操作能力的未来领导者。个性化学习体验是该方案的鲜明特色之一。模块化教学允许学生根据个人兴趣、需求和学习风格选择适合自己的学习路径。每个模块专注于特定主题或技能，学生可以自主选择参与感兴趣的模块，从而实现个性化学习。这种个性化学习的体验不仅能够提高学生的学习动力，还有助于培养他们主动探索和学习的能力。实践导向是该方案的核心特色。项目实践贯穿于整个教学过程，学生通过参与实际项目来应用所学知识。这种实践导向的教学方式使学生更容易将理论知识转化为实际操作的能力，为他们未来的职业发展提供了更加实际和丰富的经验。学生在真实的项目中面对挑战，锻炼解决问题和创新的能力，为未来职场奠定坚实基础。问题解决和创新能力的培养是该方案的又一显著特色。模块化教学通过引导学生解决实际问题、参与团队合作，培养了他们的问题解决和创新思维。学生在项目实践中面对真实问题，通过深度思考和合作解决问题，提高了他们解决复杂问题的能力。这种问题解决和创新的培养有助于培养学生在未知领域中具备快速学习和创新的能力。

灵活的学习节奏是该方案的一项关键特色。翻转课堂的理念使得学生在家预习课程内容，课堂时间更多用于讨论和实践。学生能够按照自己的学习进度进行深入学习，不再受到传统课堂教学的时间限制。这种灵活性有助于提高学生学习的效果，使他们更好地适应个体差异化的学习需求。导师式辅导也是该方案的一项独特之处。教师在模块化教学中担任导师的角色，与学生建立密切的合作关系，提供个性化的指导和支持。导师式辅导使学生在学科知识和实际问题解决方面得到及时的反馈和指导，促进了学生的全面发展。跨学科整合是该方案的又一亮点。通过模块的跨学科设计，鼓励学生在不同领域中学习和思考，培养他们的综合素养。这有助于打破学科间的壁垒，培养具有跨学科思维的人才。学生在项目中能够深度融合不同领域的知识，形成更全面的认知结构。多元化的学习资源也是该方案的显著特色之一。混合式学习使学生能够利用在线资源、数字工具等多样化的学习资源，拓展知识面。这种多元化的学习资源不仅满足了学生的学科需求，还培养了他们主动获取信息和批判性思考的能力。团队协作和沟通技能的培养也是该方案的关键特色之一。项目实践中的团队合作培养了学生的团队协作和沟通技能。学生通过与团队成员共同解决实际问题，提高了协作的效率，培养了团队协作的重要素养。这种团队协作和沟通的培养有助于学生更好地适应未来职场的团队合作环境。基于 FH 的模块化教学模式人才培养方案的特色在于个性化学习、实践导向、问题解决和创新能力培养、灵活的学习节奏、导师式辅导、跨学科整合、多元化学习资源及团队协作和沟通技能的全面培养。这一方案以其创新性和适应性，为培养适应未来社会需求的综合性人才提供了独特而富有前瞻性的教育方案。

二、人才培养方案的构建原则

（一）实践导向原则

实践导向原则是基于 FH 的模块化教学模式人才培养方案中至关重要的一个构建原则。这一原则强调通过将理论知识与实际应用相结合，使学生在真实场景中获得丰富的实践经验。实践导向不仅仅是让学生了解知识，更是培养他们在面对实际问题时能够灵活运用所学知识的能力。实践导向原则作为基于 FH 的模块化教学模式人才培养方案的核心构建原则之一，旨在将学生从抽象的理论学习中解放出来，使其能够直接参与真实的项目和实践活动，充分体验专业领域的实际应用。这一原则的基本理念在于认识到理论学习与实践经验的有机结合对于学生成为未来领域专业人才至关重要。实践导向原则要求课程设计中注重将学科知识融入实际项目中，让学生通过亲身参与实践活动来理解、应用所学内容。这不仅包括在课堂中模拟实际情境，更涵盖学生参与实际项目、实习、行业合作等多种形式。通过这些实践活动，学生能够在真实场景中面对复杂的问题，提高解决问题的实际能力，从而更好地适应未来职业生涯的挑战。实践导向原则强调学生在实际项目中的角色转变，从被动的知识接收者转变为主动的实践者。通过参与项目，学生将在团队协作中扮演不同的角色，学会有效沟通、协作解决问题，并逐渐培养出领导团队的能力。这有助于打破传统教学中对学生的束缚，使其在实践中逐步建立自信心和自主学习的动力。实践导向原则注重将实践经验与学科理论相结合，使学生在实践中能够更深刻地理解并应用所学知识。这意味着课程设计应当充分考虑实际案例，通过实际问题引导学生思考、分析，使他们在解决问题的过程中逐渐形成系统性的知识结构。这样的学习方式不仅有助于加深学生对专业知识的理解，更培养了他们对问题全局性思考的能力。实践导向原则要求建立有效的实践评估机制。这不仅包括对学生在实践项目中的表现进行评价，还应关注学生在实践中所获得的经验对其职业发展的影响。通过及时的反馈和评估，教师可以更好地了解学生的学习状态，为其提供个性化的指导和支持，促进学生全面成长。实践导向原则的核心在于通过实际项目、实践活动和实习等手段，使学生在学科知识的同时获得更为全面、深入的能力培养。这一原则不仅关注学生专业技能的提升，更注重培养学生的创新能力、团队协作精神及解决实际问题的能力，使其更好地适应未来职业发展的挑战。通过实践导向原则的贯彻，模块化教学模式将为学生提供更加丰富、实用的学习体验，为其未来职业生涯奠定坚实的基础。

（二）问题解决和创新能力培养原则

问题解决和创新能力培养原则是基于 FH 的模块化教学模式人才培养方案中的关键构建原则。这一原则强调通过模块化课程设计激发学生解决复杂问题和推动创新的能力，培养学生独立思考和创造性思维。问题解决和创新能力培养原则是 FH 模块化教学模式人才培养方案的核心构建原则之一，旨在激发学生在真实场景中解决复杂问题和推动创新的能力，使其具备应对未来职业挑战的综合素养。这一原则要求在课程设计中注重培养学生的问题解决能力。通过模块化的学习方式，学生将接触到各种复杂的实际问题，这些问题往往不仅涉及专业知识，还需要学生运用跨学科的知识和技能进行综合分析和解决。这有助于锻炼学生在面对未知挑战时的应变能力，培养他们独立思考和解决问题的能力。问题解决和创新能力培养原则强调创新思维的培养。模块化课程设计将鼓励学生跳脱传统学科边界，注重启发学生的创造性思维。通过引入实际案例、项目实践和创新性任务，学生将接触到真实世界中的挑战，激发他们寻找新颖解决方案的动力，培养创新精神。问题解决和创新能力培养原则注重培养学生的团队协作精神。通过参与模块化项目和实践活动，学生将在团队中合作解决实际问题，这不仅有助于他们理解团队动力学，更能够培养协作沟通的能力。这是因为真实世界的问题通常需要多方面的专业知识和经验，团队协作成为解决问题的重要途径。问题解决和创新能力培养原则要求教师在教学中充当激励者和引导者的角色。教师应鼓励学生提出问题、挑战既有观念，并在解决问题和创新过程中给予及时的反馈。通过激发学生的好奇心和求知欲，教师将引导学生在实践中体验问题解决和创新的过程，从而更好地理解和应用所学知识。问题解决和创新能力培养原则要求建立全方位的评估机制。除了传统的考试评估外，学生的项目报告、创新作品及团队合作表现都应纳入评估范围。这有助于全面了解学生在问题解决和创新方面的能力，促使他们更深入地参与到学习过程中。问题解决和创新能力培养原则是基于 FH 的模块化教学模式人才培养方案的核心理念之一。通过注重问题导向的学习、创新性思维的培养、团队协作的锻炼及全方位的评估，该原则旨在培养具备独立解决问题和推动创新的综合素养的未来专业人才。通过这一原则的贯彻，学生将更好地适应快速变化的社会和职业环境，成为具有创新精神和实际问题解决能力的领军人才。

（三）可持续性发展原则

可持续性发展原则在基于 FH 的模块化教学模式人才培养方案中扮演着至关重要的角色。这一原则的核心理念是确保培养出来的人才能够在不断变化的社会、科技和行业环境中持续发展，具备灵活性和适应性。可持续性发展原则作为　模块化教学模式人才培养方案的基石之一，旨在确保培养的专业人才具备持续学习和适应变化的能力，以迎接未来社会和职业领域的挑战。这一原则不仅强调对当前知识和技能的掌握，更注重培养学生的学习能力、创新力及对未知领域的适应力。可持续性发展原则要求课程设计具有前瞻性，紧跟行业和科技的发展趋势。随着科技和社会的不断演进，教学内容应不断更新，确保学生学到的知识是最新、最实用的。通过引入新兴技术、前沿理论和最新研究成果，学生将能够在学习过程中保持对新知识的敏感性，为未来的发展奠定坚实基础。可持续性发展原则鼓励学生形成自主学习和自我发展的习惯。教学模式应该激发学生的主动性，培养其自主学习的能力。通过设计开放式的学习任务、引导学生参与项目实践及提供丰富的学科资源，可持续性发展原则致力于培养学生主动追求知识、主动解决问题的学习态度。可持续性发展原则注重跨学科的整合。培养学生具备多学科的知识和技能，使其能够更好地适应不同领域的需求。通过引入跨学科的模块，学生将在不同领域中获得综合性的素养，为未来的跨界合作和终身学习打下基础。另一方面，可持续性发展原则要求建立健全的反馈和评估机制。学生在不断的学习过程中，需要得到及时的反馈，了解自己的学业进展和不足之处。这有助于学生形成自我调控和不断改进的意识，从而更好地适应未来职业发展中的挑战。可持续性发展原则强调培养学生的终身学习意识。教学应该激发学生对知识的追求，使其能够在工作之余持续学习，不断提升自己。通过引入终身学习的理念，可持续性发展原则旨在培养学生具备不断适应、不断进步的精神。可持续性发展原则是基于 FH 的模块化教学模式人才培养方案的关键构建原则之一。通过确保教学内容的前瞻性、激发学生的主动性、跨学科整合、建立健全的反馈机制及培养终身学习意识，该原则旨在培养具备持续发展和适应未来挑战能力的专业人才。通过这一原则的贯彻，学生将在职业生涯中保持竞争力，为社会和行业的可持续发展做出积极贡献。

三、人才培养方案的课程体系

（一）基础模块

基于 FH 的模块化教学模式人才培养方案的基础模块是整个课程体系的基石，旨在为学生提供坚实的学科基础，培养他们具备扎实的学术写作能力、信息检索与批判性思维等核心技能。该模块设计不仅注重知识的传授，更强调培养学生的自主学习和问题解决的能力，为其未来更深层次的学科学习奠定坚实基础。基础模块的核心之一是学术写作与表达能力。学生将在这一模块中系统学习如何撰写学术论文、报告，培养清晰、准确表达的能力。通过实际写作任务，学生将逐步提高论述和逻辑思维的水平，同时掌握学术写作的规范和技巧。这有助于培养学生在未来学科学习和职业中有效沟通和表达的能力。信息检索与批判性思维也是基础模块的关键内容。学生将学习使用不同的信息检索工具和技术，掌握有效搜索、筛选和整理信息的方法。同时，强调培养学生对信息的批判性思考，使其具备识别信息可信度、判断信息真伪的能力。这对于未来科学研究和职业实践中的信息处理至关重要。基础模块还注重学生的自主学习和问题解决的能力培养。通过引入开放性的学习任务和案例分析，学生将面对真实的问题，需要运用在基础模块中获得的学术写作和信息检索技能进行解决。这有助于锻炼学生的独立思考和解决问题的能力，培养他们具备在不同情境下灵活运用知识的能力。基础模块不仅仅注重学科知识的传授，更关注学生综合素养的培养。学生在这一模块中将建立起良好的学习习惯、掌握自主学习的方法，并逐步形成对学科的深入理解。这有助于为学生未来更深层次的专业学科学习和研究打下坚实的基础。基础模块的教学方式强调互动性和实践性。通过小组讨论、案例分析和实际写作等方式，学生将在与同学和教师的互动中加深对知识的理解，并在实践中运用所学技能。这有助于激发学生学习的热情，使他们更主动地参与到学科学习中。基于 FH 的模块化教学模式人才培养方案的基础模块不仅是学科知识的传递平台，更是学生全面素养的塑造器。通过注重学术写作与表达能力、信息检索与批判性思维的培养，以及强调自主学习和问题解决的能力，该模块为学生提供了学科学习的基础和未来职业发展的核心素养。

（二）核心专业模块

基于 FH 的模块化教学模式人才培养方案的核心专业模块是培养学生深度专业知

识和实践技能的重要环节。该模块不仅涵盖了学科的核心领域，还强调跨学科整合和实际应用，旨在培养具有卓越专业素养和实际解决问题能力的未来专业人才。核心专业模块注重深度专业知识的传授。学生将在该模块中系统学习专业领域的核心理论、概念和最新研究动态。教学将侧重理论与实践的结合，通过案例分析、实验和项目任务，学生将深入理解学科的本质，建立起扎实的专业基础。核心专业模块强调跨学科整合。在现代复杂的社会和职业环境中，跨学科能力是专业人才的重要素养。该模块将引入相关领域的知识和技能，使学生能够更全面地理解和解决问题。跨学科整合的设计将培养学生具备更广泛的视野和创新能力。核心专业模块还侧重实际应用和解决问题的能力培养。通过实际项目、实习、模拟情境等形式，学生将有机会将所学理论知识应用于实际工作中，培养他们解决实际问题的能力。这不仅使学生更好地适应未来职业发展，也加强了他们的自信心和职业准备。核心专业模块强调团队协作与沟通技能的培养。通过团队项目和合作任务，学生将学会在跨学科团队中协同工作，提高协作和沟通效率。这对于未来职业中与不同背景的专业人士合作至关重要，培养了学生的团队协作能力。核心专业模块的教学方法突出实践性和案例导向。通过引入真实案例和实际问题，学生将在模拟实践中应对各种挑战，提高解决问题的实际能力。这有助于将理论知识转化为实际操作的能力，使学生更好地为未来职业做好准备。基于FH 的模块化教学模式人才培养方案的核心专业模块不仅注重专业知识的传授，更注重跨学科整合、实际应用和问题解决的综合能力培养。通过深度学习核心领域知识，培养学生跨学科思维和实际解决问题的能力，该模块为学生打造了全面发展的专业素养，使他们更好地适应未来的职业挑战。

（三）实践模块

基于 FH 的模块化教学模式人才培养方案的实践模块是培养学生实际操作能力和职场应用技能的关键环节。该模块旨在通过实际项目、实习、实战演练等方式，让学生在真实场景中应用所学知识，锤炼解决问题和团队协作的实际能力。实践模块的设计不仅强调职业技能的培养，更注重学生的创新精神、领导力和实际工作中所需的综合素养。实践模块注重职业技能的培养。学生将通过参与实际项目、模拟场景等方式，具体应用所学专业知识和技能。这有助于学生将理论知识转化为实际操作能力，提高他们在特定领域的职业竞争力。实践模块的任务设置将贴近真实职业环境，让学生在实践中不断提升自己的职业技能水平。实践模块强调解决问题的实际能力。通过项目实践和实战演练，学生将面对真实场景中的挑战，培养他们解决问题的能力。这有助于学生更好地理解问题的本质、独立分析和提出解决方案的能力，培养他们在职业生涯中具备应对复杂问题的实际能力。实践模块还注重团队协作和沟通技能的培养。通过参与团队项目、实践活动，学生将学会在团队中合作、有效沟通，提高协作效率。这对于未来职场中需要与不同背景和专业的人合作至关重要，培养学生具备团队协作和领导力。实践模块将注重创新意识的培养。通过项目的创意设计、实际问题的解决等活动，学生将有机会锻炼创新思维、提高创造性解决问题的能力。这有助于培养学生在职业生涯中具备创新和变革的能力，更好地适应未来职业发展的变化。实践模块的教学方法强调实际操作和模拟实战。通过企业合作项目、实习经验、模拟职场环境等方式，学生将在模块中进行真实性的实践。这有助于学生更好地融入职业环境，提前感知并适应未来职场的挑战。基于 FH 的模块化教学模式人才培养方案的实践模块是学生职业发展的重要阶段，旨在通过实际操作、问题解决、团队协作和创新实践，培养学生在职业生涯中所需的实际能力和综合素养。通过这一模块的学习，学生将更好地理解和适应未来职业环境，成为具有实际能力和创新精神的专业人才。

第三节　基础建设与实施环境

一、基础建设

（一）技术基础设施

基于 FH 的模块化教学模式的成功实施离不开先进而可靠的技术基础设施。这一方面涉及支持教学管理、学生学习互动、实践项目等多个方面的数字化平台，另一方面需要强大的网络架构来保证教学的顺畅进行。基于 FH 的模块化教学模式需要一个全面的数字化学习平台，以支持在线课程管理、学生互动、作业提交和成绩评估等关键功能。该平台应该具备易用性、灵活性和可定制性，以适应不同学科领域和课程需求。在这一平台上，教师可以发布课程内容、安排学习任务，学生可以方便地获取学习资源、参与讨论，实现线上教学与学习的有机连接。针对涉及实验和实际操作的学科，建立虚拟实验室环境是至关重要的。这样的环境可以通过模拟实验、虚拟仿真等方式提供学生在实验室中所需的体验，使他们能够进行科学实验和实际操作的模拟。这不仅能够弥补传统实验受到地理和时间限制的问题，还能够提供更安全、更灵活的学习环境。为了支持学生的独立学习和研究，建设数字化的电子图书馆是必要的。这包括电子书籍、学术文章、研究资料等丰富的学术资源。这些资源需要按照学科领域进行分类整理，方便学生检索和使用。数字图书馆的建设应该与全球各大数据库进行整合，确保学生能够获取到最新、最全面的学术资料。整合开放式教育资源，包括在线课程、学习视频、学科资料等，是为学生提供多样化学习途径的关键。这可以通过与全球知名教育平台合作，获取其优质课程资源，也可以通过建设本校的在线资源库，存储和分享学校内部制作的优秀教学资源。在技术基础设施中，学生学习支持服务是至关重要的一环。这包括学科学习辅导、学术指导、在线答疑等服务。通过实时的在线辅导平台，学生可以随时获取到老师或同学的帮助，解决学习中遇到的问题，确保学业进展顺利。为保障学生和教师的个人信息和学习数据的安全，建设健全的网络安全体系是不可或缺的。这包括强化平台的防火墙、数据加密技术、安全认证机制等，以有效防范网络攻击和数据泄漏。同时，需要明确的隐私政策和合规机制，确保学生和教师的隐私得到充分的保护。在技术基础设施中，也应该考虑学科研究的支持。这包括建设学术社交平台，方便教师和学生进行学科交流、合作研究。同时，提供科研资源库，支持学术论文的检索和下载，促进学术研究的深入发展。建设一个灵活而高效的学习管理系统，能够方便教师进行课程管理、监控学生学业进度，也方便学生进行选课、查看成绩等操作。这需要管理系统有直观的界面设计和强大的功能扩展性，以适应不同学科和课程的管理需求。学生社交是模块化教学模式中不可忽视的一部分，建设在线社交平台有助于促进学生之间的交流和合作。这可以是一个包含讨论区、团队项目平台、社交活动组织等功能的平台，为学生提供良好的社交体验。技术基础设施的建设应当全面考虑基于 FH 的模块化教学模式的特点和需求，以确保学生和教师能够在数字化学习环境中获得最佳的教学与学习体验。这需要学校和教育机构投入足够的资源，与科技公司、教育科技团队合作，共同打造一个适应未来教育需求的技术支持体系。

（二）学习资源支持

基于 FH 的模块化教学模式的成功实施离不开充分的学习资源支持，这包括数字化的电子图书馆、在线教育资源，以及学科相关的丰富资料。为了支持学生的独立学习和深入研究，学校需要建设一个数字化的电子图书馆。这个图书馆应该涵盖各个学科领域，包括但不限于文学、科学、技术、工程和数学等。数字图书馆应该提供广泛的电子书籍、学术期刊、研究论文及其他学术资料，以便学生随时随地能够方便地获取和使用这些资源。这种数字化的图书馆不仅仅是对传统图书馆的延伸，更是一个面向未来、适应数字时代的学习资源中心。为了拓宽学生的学习途径，学校需要整合在线教育资源，包括来自各大学和机构的优质在线课程。这些资源可以通过与全球知名的在线教育平台合作，也可以通过本校的在线资源库进行整合。学生可以通过这些在线教育资源学习到丰富的知识，不仅能够获取本校的教学资源，还能够借助全球范围内的学术资源，提高学科的广度和深度。除了整合在线课程，学校还可以通过开放式教育资源（OER）的使用来支持学生的学习。OER 包括开放获取的教材、视频、幻灯片等，以及由教师和学生共同创造的开放式学习资源。这种资源的共享和开放性质有助于学生更灵活地获取和利用学术资料，促进知识的开放性传播。模块化教学注重跨学科学习，因此学习资源的支持也应该跨学科整合。建设一个跨学科的学术资源平台，将不同学科领域的资料和资源进行整合。这有助于学生更好地理解学科之间的关联，促进跨学科思维和综合能力的培养。为了提高学生学习的趣味性和效果，学校需要提供多媒体学习资料，包括学科相关的视频、音频、模拟实验等。这样的资料能够生动地呈现学科知识，满足不同学生的学习风格，提高学习的吸引力和深度。

构建一个个性化学习推荐系统，通过分析学生的学习偏好、历史记录和表现，为每个学生推荐个性化的学习资源。这种系统可以帮助学生更快速地找到适合他们学科水平和学习兴趣的资源，提高学习效率和成果。为支持学科研究，学校需要建立学术数据库和文献检索平台，使学生和教师能够方便地查找和获取最新的学术研究成果。这包括学术期刊、国际会议论文、专业书籍等。学科研究支持还可以包括开展学术研讨会、邀请专业人士进行学术讲座等，激发学生的学术兴趣和研究激情。对于涉及实践的学科，需要提供实践性学习资源，包括实际案例分析、项目实践材料、模拟实验等。这有助于学生将理论知识应用到实际情境中，培养解决问题和创新的实际能力。在基于 FH 的模块化教学模式中，学习资源的充分支持是学生深度学习的关键。通过建设多元化、全面化的学习资源体系，学校可以为学生提供更广泛、更深入的学科知识，促使学生全面发展。

二、实施环境

（一）师资队伍培养

基于 FH 的模块化教学模式的成功实施离不开一支具备高水平专业素养和创新教学理念的师资队伍。师资队伍培养是建设模块化教学环境中至关重要的一环，涉及教师培训、专业发展、教育科研等多个方面。师资队伍培养的首要任务是进行系统的教师培训，以确保教师深刻理解基于 FH 的模块化教学模式的核心理念和具体实施方法。培训内容应包括模块化教学设计原则、在线教学技能、学科知识更新、学生导向的教学方法等方面。培训形式可以包括研讨会、工作坊、培训课程等，以确保教师能够灵活应用基于 FH 的模块化教学理念于实际教学中。为了不断提升师资队伍的水平，学校需要建立健全的专业发展支持体系。这包括提供教育技术培训、创新教学方法研讨、跨学科研究机会等。学校可以鼓励教师积极参与国内外学术会议、研讨会，促使他们深入研究前沿教育理念和教学方法，将最新的教育思想融入到模块化教学实践中。制订个性化的专业发展计划是支持教师成长的关键。学校可以与教师一起制订符合其兴趣和发展方向的计划，包括参与项目研究、发表教育论文、申请教育创新项目等。这有助于激发教师的学术研究兴趣，提高其在模块化教学中的创新能力。为了推动基于FH的模块化教学模式的不断发展，学校可以提供教育科研支持。设立教育研究中心，组织教师参与科研项目，鼓励教师进行教育实践研究。这将有助于将模块化教学与教育科研相结合，促进模块化教学理念在实践中的不断优化和创新。

模块化教学注重跨学科的整合和团队协作，因此师资队伍培养也要注重建设教学团队。学校可以鼓励教师之间开展跨学科的合作研究和教学实践，形成具有多样性和协同性的教学团队，共同推动模块化教学的发展。通过国际交流合作，学校可以引入国际一流的教育资源和先进的教学理念。与国外高校建立合作关系，邀请国际教育专家举办讲座和培训，为教师提供国际化的视野和教学经验，使其在基于FH的模块化教学模式中更好地运用国际先进教育理念。建立有效的教学评估与反馈机制，通过同行评教、学生评教等方式，帮助教师了解自己的教学效果，并提供具体的改进建议。这有助于促使教师不断地反思和改进教学方法，推动模块化教学的不断优化。为了适应基于FH的模块化教学的数字化特点，学校需要提供持续的技术支持。这包括为教师提供使用在线教学平台的培训、解决技术问题的支持等，以确保教师能够充分利用技术手段进行模块化教学。在基于FH的模块化教学模式下，师资队伍培养是一个全面的过程，旨在培养教师具备模块化教学所需的理念、技能和实践经验。通过系统的培训、专业发展支持和国际交流，学校可以构建一支具备基于FH的模块化教学素养的高水平师资队伍，为学生提供更优质、更具创新性的教育服务。

（二）学生支持服务

基于FH的模块化教学模式的成功实施离不开全面而精细的学生支持服务。这一方面涉及学科学习辅导、心理健康支持，另一方面包括学业辅导、实践项目支持等多个方面。为了帮助学生更好地掌握学科知识，学校应设立学科学习辅导中心，提供课程辅导和学科问题解答服务。专业的导师和辅导员可以针对学生的学科疑难问题进行解答，指导学生合理安排学业，推动他们更深入地理解和应用所学知识。建立健全的心理健康服务体系，提供心理咨询、心理辅导、心理健康教育等服务。通过心理健康支持，学校可以帮助学生更好地应对学业压力、人际关系问题等，促使他们在模块化学习中保持积极的心态和良好的心理状态。为了确保学生在模块化学习中顺利推进，学校应设立学业辅导服务机构，为学生提供个性化的学业辅导。学业辅导可以包括制订学习计划、帮助解决学习难题、指导选修课程等，以提高学生的学习效果和学业满意度。模块化教学注重实践性学习，学校应设立实践项目支持中心，为学生提供与所学模块相关的实践机会和项目支持。这可以包括组织实习、提供实际案例分析、支持创新实践项目等，使学生能够将理论知识应用到实际问题中，培养实际解决问题的能力。

学习资源中心是学生获取各类学术资源的关键场所。这包括数字图书馆、学术数据库、在线教育资源等，以及学科研究资料和实践项目相关的材料。学习资源中心的建设有助于学生更好地自主学习、深化研究，提高他们的学科素养。建立班级导师制度，为学生提供更个性化的辅导和关怀。每个班级配备一名导师，负责学生的学业指导、心理辅导和生活关怀。导师与学生建立起良好的师生关系，促使学生更加投入学习并获得全方位的支持。通过建立学生社交支持平台，促进学生之间的交流和合作。这可以包括在线社交平台、学术研讨会、团队项目等。学生社交支持有助于形成良好的学术氛围，提高学生的团队协作和沟通能力。建立在线学习社区，为学生提供在线交流和学术讨论的平台。这可以是一个让学生分享学习心得、提问疑惑、组织学术活动的虚拟社区。通过这样的社区，学生能够更好地进行学科交流，促进彼此的共同成长。建立学生反馈机制，鼓励学生提出对教学和服务的建议。学校可以定期组织学生座谈会、设立在线建议箱等，收集学生的意见和反馈，为模块化教学的不断优化提供有益的参考。为了帮助学生更好地融入职业生涯，学校应提供全面的就业指导和实习支持服务。这包括职业规划咨询、模拟面试、就业技能培训等，为学生提供更好的职业发展支持。通过综合而有针对性的学生支持服务，学校可以确保学生在模块化教学环境中获得更全面、更贴心的支持。这有助于提高学生的学业成就、促使他们更好地适应模块化学习的特点，并培养出更具创新和实践能力的人才。

（三）管理与运营系统

基于 FH 的模块化教学模式的成功实施离不开健全的管理与运营系统，这一系统涵盖了学校层面的组织管理、信息技术支持、财务管理、人力资源开发等多个方面。构建学校组织与管理体系，明确各部门的职责与权限，确保模块化教学在整个学校运作中得到充分的支持。学校领导团队应具备对模块化教学理念的深刻理解，能够为实施提供战略指导和决策支持。学校管理体系还应灵活适应模块化教学的需求，确保决策的迅速响应和敏捷性。在模块化教学模式中，信息技术支持是关键。学校应建立先进的信息技术基础设施，包括网络系统、学生信息管理系统、在线教学平台等。这些系统应当能够支持在线教学、学生信息管理、学科资源共享等模块化教学的关键功能。同时，保障信息技术的稳定性和安全性，以确保学校运营的顺利进行。为了支持模块化教学的推进，学校需要建立健全的财务管理与筹资体系。制定清晰的财务预算，确保模块化教学所需的教学资源、技术设备、学生支持服务等得到充分保障。积极探索外部资金支持，与企业、政府及潜在赞助方建立合作关系，促进校内资源的充分利用。成功实施模块化教学离不开具备相应素养的教职人员。因此，学校应建立完善的人力资源开发与培训系统。这包括招聘适应模块化教学需求的教师，进行系统的培训和提升，推动教师专业素养与教育理念的不断更新。同时，建立良好的激励机制，鼓励教师积极参与模块化教学实践与研究。

模块化教学注重跨学科整合，因此学校应建立学科资源整合与共享系统。这包括建设数字化的学科资源库，促使不同学科间的教学资源能够实现共享和交流。通过这一系统，学校能够更好地利用各学科的优势资源，为模块化教学提供丰富的知识支持。为提供全方位的学生支持，学校需要建立学生服务与就业支持系统。这包括提供学科学习辅导、心理健康服务、实践项目支持、就业指导等服务。学校还可以与企业建立紧密联系，促进学生的实习、就业机会，确保他们在学业完成后能够顺利融入职场。建立完善的教学评估与质量保障体系，确保模块化教学的质量和效果。包括定期进行教学评估、学科质量检查，收集学生和教师的反馈，以不断调整和优化模块化教学的具体实施方案。同时，制定教学质量标准，确保模块化教学与学校整体教学水平相一致。鼓励建立国际合作与交流平台，促进与国际高校、研究机构的合作。通过与国际合作，学校能够引进先进的教学理念和技术手段，提升模块化教学的国际竞争力，同时为学生提供更广阔的国际交流和就业机会。建立高效的沟通与协作平台，使学校内外部的各方能够更加紧密地协同合作。这可以包括在线会议系统、团队协作平台等，方便学生、教师、行政人员之间的信息共享与沟通，确保模块化教学的顺畅推进。为保护和推动学校的创新成果，建立知识产权与知识管理系统。鼓励教师进行教育科研，并确保他们的创新成果得到妥善管理和利用。通过建设知识产权与知识管理系统，学校能够更好地推动模块化教学的不断创新和发展。通过构建健全的管理与运营系统，学校能够更好地支持基于FH的模块化教学模式的实施。这将有助于提高学校的整体运营效率，保障模块化教学的顺利推进，为学生提供更为丰富、灵活和贴心的教育服务。

第四节　典型课程教学改革案例

随着社会的不断变革和科技的飞速发展，教育领域也迎来了前所未有的挑战和机遇。在这个信息爆炸的时代，传统的教学模式愈发显得滞后，急需创新性的教学改革来满足学生多元化的学习需求。在这个背景下，基于 FH 的模块化教学模式应运而生，成为推动教育领域变革的引领者之一。基于 FH 的模块化教学模式以其灵活性、个性化和实践导向为特点，被广泛认为是应对当代教育挑战的有效途径。为了深入研究和推动基于 FH 的模块化教学模式在课程教学中的应用，以"现代软件工程"为例，通过基于 FH 的模块化教学实践，揭示模块化教学模式的创新之处、成功经验及可能的挑战，为更广泛的教育改革提供有益的经验和启示。

一、改革目标

在基于 FH 的模块化教学模式引领下，现代软件工程课程的教学改革旨在实现多重目标，以更好地满足学生在信息科技领域的发展需求和应对未来挑战的能力。改革的首要目标是培养学生全面的软件工程能力，使其能够熟练掌握软件开发的全过程，包括需求分析、系统设计、编码实现、测试、部署和维护。通过模块化的设计，学生将能够逐步深入各个领域，建立扎实的技术基础。改革旨在将理论知识与实际项目应用相结合，通过引入实际软件开发项目，学生将能够在真实情境中应用所学知识，培养解决实际问题的能力。这有助于学生更好地理解理论概念，并提高他们的实际工程经验。通过组织学生参与团队项目，改革旨在培养学生的团队协作和沟通能力。此外，鼓励跨学科合作，让计算机专业的学生与其他专业背景的同学共同参与项目，模拟真实工作环境，培养学生在跨学科团队中的协作精神。改革推崇弹性学习时间，让学生有更多选择学习的时间和地点。通过在线学习平台提供的教学资源，学生可以自主学习，并根据个体差异调整学习进度，培养学生的自主学习和自律能力。为了更好地引导学生，改革计划建立技术导师制度。每位学生将拥有一名技术导师，负责解答学术问题、提供职业发展建议，帮助学生更好地理解和应用所学的软件工程知识。通过定期组织技术分享和交流活动，改革旨在加强学生与业界的联系。邀请业界专业人士举办讲座，让学生了解最新的技术趋势和实际应用场景，激发学生的学习兴趣。引入持续性的反馈和评估机制，包括项目评审、同行评价、导师反馈等。通过不断的评估，学生可以了解自己在软件工程不同阶段的表现，及时调整学习计划。为了更好地服务学生职业发展，改革计划整合就业导向培养，包括开设职业规划课程、提供实习机会、邀请企业 HR 进行模拟面试等。确保学生在学习过程中不仅获得理论知识，也具备就业所需的实际技能。通过这一系列的改革目标，现代软件工程课程旨在培养出胸怀全局、实际操作能力强、具备团队合作精神的软件工程师，使其在未来的职业生涯中能够胜任复杂的软件开发任务，为社会和行业做出积极的贡献。这也为学生提供了更为灵活、实践导向的软件工程教育体验，提高其在竞争激烈的科技领域中的竞争力。

二、改革策略

面对快速发展的信息技术和不断变化的软件工程领域，采用基于教学模式是为了更好地满足学生需求、提高教学效果的战略选择。改革计划对现代软件工程课程进行了全面的审视，将其划分为若干个模块，每个模块关注一个特定的软件工程领域，如需求分析、系统设计、编码实现、测试与维护等。模块设计的目标是确保每个模块都是相对独立、有机衔接、能够满足学生系统学习的需要。改革策略强调实践项目在模块学习中的重要性。通过引入实际软件开发项目，学生能够将所学知识应用于实际问题中，从而更深刻地理解和掌握软件工程的实际应用。这有助于培养学生解决实际问题的能力，提高他们的实际工程经验。为了适应不同学生的学习习惯和时间安排，改革策略引入了弹性学习时间。通过在线学习平台提供丰富的教学资源，学生可以自主选择学习时间和地点，更好地调整学习进度，培养学生的自主学习和自律能力。鼓励学生在团队中共同参与实际项目，培养团队协作和沟通能力。同时，促进跨学科合作，让计算机专业的学生与其他专业背景的同学合作。这种协作模式有助于模拟真实工作环境，培养学生在跨学科团队中的协作精神。引入持续性的反馈和评估机制，包括项目评审、同行评价、导师反馈等。通过不断的评估，学生可以了解自己在软件工程不同阶段的表现，及时调整学习计划。这有助于提高学生对自身学业发展方向的认知。为了更好地服务学生职业发展，改革计划整合就业导向培养。通过开设职业规划课程、提供实习机会、邀请企业 HR 进行模拟面试等方式，确保学生在学习过程中不仅获得理论知识，也具备就业所需的实际技能。改革计划建立技术导师制度，为学生提供个性化的指导和支持。每位学生将拥有一名技术导师，负责解答学术问题、提供职业发展建议，帮助学生更好地理解和应用所学的软件工程知识。通过定期组织技术分享和交流活动，改革旨在加强学生与业界的联系。邀请业界专业人士举办讲座，让学生了解最新的技术趋势和实际应用场景，激发学生的学习兴趣。通过这些改革策略，现代软件工程的教学将更具灵活性、实践导向性和就业导向性，为学生提供更为全面的软件工程学习体验，使他们更好地适应未来工作环境的挑战。这一综合性的策略旨在激发学生学习兴趣、提升实际应用能力、促进团队协作，培养具备综合素养的软件工程专业人才。

三、效果评估

改革的成效评估是持续改进和优化教学的关键环节。在采用基于 FH 的模块化教学模式后，现代软件工程课程的效果评估主要集中在多个方面，以确保学生全面发展并提高他们在软件工程领域的实际能力。评估首先关注学生综合素养的提升，包括专业知识水平、实际项目操作能力、创新思维及团队协作精神等方面。通过比较改革前后学生的综合成绩和表现，评估学生在不同模块学习中的成长和进步。关键的评估指标之一是学生在实际项目中的成果。通过对项目的功能、质量、实用性等方面进行综合评估，确保学生能够将所学知识应用到实际软件开发中，培养解决实际问题的能力。收集学生的反馈和满意度是评估的重要组成部分。通过问卷调查、小组讨论和面谈等方式，了解学生对模块化教学的态度、学习体验和课程内容的反馈，以及对于模块化教学模式的接受程度，以便及时调整和改进教学策略。如果在改革中引入了跨学科合作，评估将关注学生在跨学科项目中的协作效果。通过观察学生在不同学科领域的合作和交流，评估他们在团队中的角色发挥和跨学科沟通能力的提高。弹性学习时间的引入旨在培养学生的自主学习能力。通过考查学生对在线学习平台的使用情况、自主学习计划的制订和实施情况，评估学生是否能够更好地利用教学资源，提高学习的自主性和自律性。评估技术导师制度的实施效果，包括学生与导师之间的互动情况、导师提供的学术指导和职业发展支持的有效性。通过学生对技术导师的评价和导师对学生发展的观察，评估导师制度对学生个性化成长的促进作用。评估改革过程中是否建立了有效的持续改进机制。通过分析每个模块教学的效果反馈、学生学业发展情况及教师的反馈，评估改革计划是否能够及时调整教学策略，使其更加贴近学生需求和行业发展趋势。通过这些维度的综合评估，可以全面了解现代软件工程课程改革的效果，发现存在的问题，并及时调整教学策略，以持续提高学生的综合素养和软件工程实践能力。这样的评估机制不仅有助于课程教学的提升，也为未来教学改革提供了经验借鉴。

第五章

基于 CDIO 工程教育教学模式

在当今社会，科技和工程领域的不断发展对高等教育提出了更高的要求。传统的工程教育往往注重理论知识的传授，而在实际工程应用和创新能力培养方面存在不足。为了更好地培养具有实际工程应用能力的工程专业人才，基于 CDIO 工程教育教学模式应运而生。基于 CDIO 工程教育教学模式强调通过实际项目驱动学习，将工程实践和学术知识相结合，培养学生的创新思维和解决实际问题的能力。本章将深入探讨基于 CDIO 工程教育教学模式的核心理念和实施方法，旨在为工程教育领域的教育者、学生和决策者提供深入了解和启示。基于 CDIO 工程教育教学模式的核心理念体现在其四个关键步骤：Conceive（构思）、Design（设计）、Implement（实施）、Operate（运行）。这一模式不仅注重培养学生的工程实践能力，更强调综合素质的培养，包括沟通、团队合作、领导力等方面。通过学生在真实工程项目中的参与，基于 CDIO 工程教育教学模式使学生能够在跨学科的背景下，全面理解和运用工程知识，提高解决实际问题的能力。在基于 CDIO 工程教育教学模式的实施过程中，教育者需要深入思考如何结合课程设置、实践项目和评估体系，创造一个有利于学生全面发展的教育环境。同时，学生在基于 CDIO 工程教育教学模式下将更多地扮演项目团队中的角色，通过与同学的协作，培养团队协作和沟通技能，这也是未来工程领域所需的核心素养。

第一节　教育理念和指导思想

一、教育理念

基于需求决定论的价值观，现代工程师在社会中扮演着领导或参与产品、过程和系统的构思、设计、实现和运行的关键角色。这种理念融入了基于 CDIO 工程教育教学模式，将工程教育的目标定位为培养学生成为能够在现代、基于团队的环境中全面负责"构思、设计、实现、运行"复杂、高附加值的工程产品、过程和系统的工程师。CDIO 模式的创新点在于将产品、过程和系统的整个生命周期作为工程教育的背景环境，强调个人能力、人际交往能力，以及系统、过程和产品建造能力在真实工程实践中的培养。这种模式基于产品的研发过程特点，以工程项目的研发到运行的全过程为主线，使学生能够在实践中主动学习，形成课程之间有机联系的学习方式。基于 CDIO 工程教育教学模式的核心信念是，学生必须在真实的工程实践和问题解决过程中培养个人能力和团队协作精神。通过借鉴产品研发的生命周期，学生在"构思—设计—实现—运行"的过程中全面发展技术和创新能力。这一教育模式是对全球经济一体化等挑战的响应，为培养适应未来工程领域需求的专业人才提供了科学而有效的方法。在近二十年的发展中，基于 CDIO 工程教育教学模式已在国际范围内得到广泛推广，并在工程教育领域取得显著成果。其完备的培养体系包括理论基础、教学大纲、培养计划、教学方法、课程大纲及考核方法等，为工程教育的创新提供了坚实的基础。

我国传统的工程教育模式长期以来主要侧重于学科知识的传授，然而，在这个信息化、全球化的时代，工程师所需的素养不仅仅包括专业技能，还需要关注历史、人文、社会和环境等多个方面。近年来，我国工程教育在课程设置和培养目标方面逐渐认识到对于学生综合素质的要求，尤其在职业道德、团队协作等方面的培养仍存在较大挑战。在这一背景下，为更好地实现工程教育改革目标，汕头大学提出了创新性的 EIP-CDIO 培养模式。该模式突破传统，注重职业道德（Ethics）、诚信（Integrity）和职业素质（Professionalism）的培养，与基于 CDIO 工程教育教学模式相结合，形成了一种新的工程教育范式。通过将 EIP 与 CDIO 进行有机结合，汕头大学在实践中取得了显著的成效。EIP-CDIO 培养模式的独特之处在于将伦理道德、诚信精神融入工程教育的全过程。职业道德的培养不再是单一的道德课程，而是贯穿于整个"构思—设计—实现—运作"的生命周期中。这种模式强调学生在工程实践中应当秉持道德标准，注重个人品德的塑造，使其具备责任心、团队协作精神和社会责任感。在 EIP-CDIO 培养模式中，伦理道德和职业素质的培养与工程实践相辅相成。学生在完成项目的同时，通过与团队成员、师资及实际项目相关方的交流，培养了团队协作、沟通表达等方面的职业素质。同时，通过注重诚信和道德的培养，学生在工程实践中能够更好地面对复杂的伦理问题，形成正确的职业态度。该培养模式的成功实施，使得毕业生在进入职业生涯时更具备全面的素质和能力，提高了他们在企业中的认同度。这种全新的工程教育模式为我国工程教育的改革提供了一种新的思路和经验，有望为更多高校提供借鉴和参考。通过 EIP-CDIO 培养模式的推广，我国工程教育将更好地适应时代的需求，培养出更为全面、有社会责任感的工程师人才。

二、指导思想

基于 CDIO 工程教育教学模式的指导思想秉持着对工程人才全面素养的深刻理解和强烈追求。该模式以实际工程实践为核心，旨在培养学生创新精神、系统思维、实际操作和团队协作等关键能力，为学生的职业发展奠定坚实基础。在构思阶段，基于 CDIO 工程教育教学模式鼓励学生培养解决实际问题的创新思维。通过项目驱动的学习，学生不仅能理论性地构思解决方案，还需面对真实挑战，培养在未知领域中迅速提出创新性解决方案的能力。这强调了在工程教育中引入实际项目的必要性，将理论学习与实际应用有机结合。在设计阶段，基于 CDIO 工程教育教学模式注重培养学生系统思维和综合能力。通过参与项目设计，学生将学到如何考虑整个系统的各个组成部分，以及系统与环境的相互关系。这体现了工程教育应该注重培养学生整体性思维和创新设计能力的核心理念。在实施阶段，基于 CDIO 工程教育教学模式强调实际动手操作和团队协作。通过亲身实践，学生将理论知识转化为实际技能，培养实际操作的能力。同时，团队协作成为不可或缺的一部分，强调了学生在团队中有效沟通、协同工作的重要性。运营阶段强调了学生在项目完成后的运营和维护。这突显了基于 CDIO 工程教育教学模式对学生全面素养的全面培养，不仅要求学生在项目实施中取得成功，还注重他们对项目的长期运行和维护的考量，培养学生的综合素养。基于 CDIO 工程教育教学模式的指导思想是为了使学生具备更全面的工程实践能力和职业素养。通过注重实际项目、系统设计、实际操作和团队协作等方面的培养，基于 CDIO 工程教育教学模式为培养适应工业和社会需求的高水平工程人才提供了创新性的教育模式和理念。

第二节　人才培养方案

一、人才培养方案的特色

（一）社会需求为导向，确定实用人才培养目标

面对当今快速变化的社会和经济环境，本科院校以"地方性、应用性、教学型"为办学定位，必须紧密贴合社会需求，以培养实用人才为目标。为确保人才培养目标

的实效性，学校采取了一系列措施，其中社会需求导向是培养方案的核心。通过密切关注地方经济社会的发展需求，深入分析信息产业的现状和未来趋势，学校能够准确了解社会对信息技术人才的需求情况。学校对信息技术领域的社会需求进行深入研究。在信息化飞速发展的时代，信息技术已经深刻渗透到各行各业，对专业人才提出了更高的要求。通过与企业、产业界的密切合作，学校能够更好地了解不同领域对信息技术人才的实际需求。特别是通过与信息产业龙头企业的合作，了解其发展方向、项目需求，为培养学生提供准确的指导和参考。学校通过深入分析信息产业的现状和未来趋势，为人才培养目标的制定提供有力支持。信息产业的快速发展带来了新的技术、新的业务需求，学校通过对行业发展的深入洞察，能够更好地把握前沿技术的发展趋势，为培养学生具备未来竞争力的能力提供保障。这种前瞻性的分析不仅有助于制定当前的培养目标，更能够为学生提供更长远的发展规划。结合用人单位对毕业生素质的评价，学校进行跟踪调查，将需求状况与毕业生表现相结合，进一步明确培养目标。通过与用人单位建立起有效的沟通渠道，学校能够及时了解用人单位对毕业生的需求和期望。通过对毕业生的跟踪调查，学校能够了解毕业生在实际工作中的表现，发现存在的问题和不足之处。将这些反馈与社会需求相结合，能够更加全面地评估当前培养目标的有效性，为未来的调整和优化提供依据。为了更好地汇聚高级技术专家的意见，确保培养目标与实际需求的紧密契合，学校成立了专业指导委员会。这个委员会由来自科研院所和企业中有代表性的高级技术专家组成，他们在行业内拥有丰富的经验和前瞻性的眼光。通过专业指导委员会的定期研讨和评估，学校能够及时获取专业领域的前沿信息和趋势，为人才培养目标的制定提供权威支持。本科院校通过社会需求导向，以多方位、多层次的手段确保实用人才培养目标的准确性和针对性。通过深入研究社会需求，分析产业发展趋势，结合用人单位评价和专业指导委员会的支持，学校能够在人才培养方案的制定中做到精准对接社会需求，为培养出更适应社会和行业发展的人才奠定坚实基础。

（二）通过国际合作项目引进先进理念，创新人才培养方案

在迎合软件服务外包领域的发展需求和国际合作项目的引领下，本科院校通过引进先进理念，创新人才培养方案，为学生提供更广阔的发展空间。借助国际合作项目，学校积极引进国外工程技术性人才培养的先进理念，推动人才培养方案的革新，以教育理念变革为基础，制订一体化课程计划，全面提升学生的实践能力、专业水平和国际竞争力。通过国际合作项目引进的先进理念，学校将教育理念从传统的学科知识向实践能力和国际竞争力的培养转变。软件服务外包领域对工程技术性人才的需求越来越高，而国际合作项目为学校提供了引进新理念的机会。通过与国际合作伙伴的深度

合作，学校能够及时了解国际工程教育的最新趋势和理念，为人才培养方案的更新和优化提供有力支持。为了更好地满足软件服务外包领域的实际需求，学校制订了一体化课程计划。这一计划将学科性理论课程、训练性实践课程和理论实践一体化课程有机整合，注重培养学生的实际操作能力和团队协作能力。一体化课程计划使学生在学习过程中能够更好地理论联系实际，培养解决实际问题的能力，提高工程实践能力，从而更好地适应软件服务外包领域的复杂和多变的工作环境。通过引进国外先进的教学内容、经验和管理办法，学校促使学生更好地适应相应领域的业务与工作。软件服务外包领域对人才的要求不仅仅在于技术水平，还需要具备跨文化合作和国际视野。通过引入国外的教学内容和经验，学校为学生提供了更加广阔的国际化视野，帮助他们更好地适应国际市场的竞争和合作环境。一体化课程计划的实施不仅注重知识传授，更强调实践能力和团队协作。通过与国际合作项目的结合，学校在培养学生专业知识的同时，注重培养其实际操作能力和团队协作意识。这种一体化的培养模式使学生能够更好地应对软件服务外包领域的挑战，更好地胜任工程实践中的任务。通过引进国际合作项目的先进理念，学校在软件服务外包领域进行了人才培养方案的创新。一体化课程计划的制订，引进国外的教学内容和经验，有助于提高学生的实践能力、专业水平和国际竞争力，使其更好地适应软件服务外包领域的发展趋势和工作要求。这种创新的人才培养模式有望培养出更具国际竞争力的工程技术人才，为软件服务外包领域的发展贡献更多优秀的专业人才。

（三）重点围绕综合性的工程实践项目展开

在一体化课程计划的创新中，学校将重点围绕综合性的工程实践项目展开，为学生提供了更为广泛、深入的实践机会。这种全新的课程设置不仅有助于培养学生的基本实践能力，更关注专业实践能力、研究创新能力、创业和社会适应能力，为其综合素质的提升提供了有力支持。一体化课程计划注重培养学生的基本实践能力。通过综合性的工程实践项目，学生有机会将在理论学习中获得的知识应用到实际问题解决中。例如，在软件服务外包领域，学生可以参与真实的项目开发，亲身体验并解决在实际工程中遇到的问题。这种基于实践的学习方法能够使学生更好地理解和掌握所学知识，培养解决实际问题的实际操作能力。一体化课程计划强调培养学生的专业实践能力。通过参与综合性的工程实践项目，学生将深入了解并运用专业知识，提高在特定领域的技术水平。在软件服务外包领域，学生可以参与从需求分析到项目实施的全过程，锻炼并提高在特定领域的专业技能。这种专业实践能力的培养有助于学生更好地适应未来工作中的专业要求。一体化课程计划注重培养学生的研究创新能力。在综合性的工程实践项目中，学生将面临解决实际问题的挑战，需要运用创新思维和研究方法。

例如，学生在软件服务外包项目中可能需要提出新颖的解决方案，优化项目流程，提高服务质量。通过这样的实践，学生将培养独立思考、创新设计和解决问题的能力，为未来的研究和创新奠定基础。一体化课程计划还关注培养学生的创业和社会适应能力。在综合性的工程实践项目中，学生将有机会模拟实际工程环境，了解项目管理、团队协作等方面的要求。在软件服务外包领域，学生可能需要与不同背景的团队成员协作，与客户进行有效沟通。这种实践将培养学生的创业意识和团队协作能力，提高他们在社会中的适应能力。一体化课程计划的创新在于其围绕综合性的工程实践项目展开，通过实践培养学生的基本实践能力、专业实践能力、研究创新能力、创业和社会适应能力。这种全新的课程设置使学生能够更好地将理论联系实际，提高解决实际问题的能力，为其未来的职业发展和社会参与提供坚实的基础。

二、人才培养方案的构建原则

（一）全面分析利益相关者的需求，合理制定人才培养目标

在培养应用型人才的过程中，基础理论、应用能力和综合素质的协调发展是至关重要的。对于计算机专业这一属于工程类的学科，除了传授学科知识外，还需要广泛培养学生的综合素质，特别是软件的设计、实施和维护能力。在构建该专业人才培养方案时，需要遵循一系列原则以确保培养出符合社会需求的高素质人才。全面分析利益相关者的需求，合理制定人才培养目标。计算机专业的利益相关者包括学生、教师、社会和工业界，这些利益相关者有不同的需求和期望。为了制定科学合理的人才培养目标，需要通过全面分析和深入调查，了解各方的期望和需求。尤其是对于最直接的利益相关者，如 IT 行业，可以通过定期调查和访问用人单位，了解其对学生就业能力和综合素质的评价，以及对专业教学效果的看法。这有助于根据实际需求制定培养目标，使学生更好地适应职业发展。构建人才培养方案的原则之一是广泛调查 IT 行业的概况。特别是对于即将毕业的学生，可以定期进行调查，关注他们在企业参加工程实践项目的情况。这不仅有助于了解企业对学生的需求，还能及时调整培养方案，提高学生的综合素质和应用能力。通过与 IT 行业的密切联系，能够更好地把握行业动态，使专业培养更具前瞻性和实用性。要借鉴国内外优秀计算机专业的经验，通过专业指导委员会的设立，邀请来自科研院所和企业的高级技术专家，深入研究和改革计算机专业的培养模式。这有助于结合行业发展趋势，优化课程设置和教学方法，培养适应国家经济社会发展需要的计算机高级应用型人才。借鉴国内外的先进理念，能够更好地提升培养质量，使学生更具实际应用价值。通过全面分析所有的调查信息，综合各

方意见，制订科学合理的课程计划。该计划应以培养学生的基本实践能力、专业实践能力、研究创新能力、创业和社会适应能力为目标，确保学生在综合素质方面得到全面提升。通过一体化课程计划的设计，能够使学生更好地理论联系实际，提高解决实际问题的能力，为其未来的职业发展和社会参与奠定坚实的基础。在这一过程中，密切关注 IT 行业的需求、与利益相关者的合作、借鉴国内外的经验以及科学制订课程计划，都是保障计算机专业培养出合格应用型人才的重要步骤。通过综合考虑各方因素，形成有机统一的培养方案，将更好地服务于社会和行业，为学生的全面发展提供更为有力的支持。

（二）注重学生的能力培养，建构一体化课程计划

注重学生能力培养，构建一体化课程计划是一项旨在培养高水平应用型人才的复杂而长期的任务。在计算机专业这一工程类学科中，专业学科的核心课程建设应当严格遵循专业规范的要求，注重理论课教学的系统性和逻辑性，以帮助学生构建完整的专业知识体系。然而，仅仅有理论知识是远远不够的，更为关键的是学生的工程实践能力和创新能力。因此，在构建课程计划时，需要综合考虑社会需求、毕业生期望及产业发展趋势。专业学科的核心课程建设应该兼顾专业规范和教学逻辑。理论课程的设置要符合专业的基本要求，确保学生在学科知识体系上有扎实的基础。通过系统性和逻辑性的教学，可以帮助学生更好地理解专业知识的内在关联，提高学科学习的效果。这一方面是为了培养学生的学科素养，另一方面也为后续的实践教学奠定了基础。课程计划的制订需要根据社会、毕业生和产业的调查结果。通过对社会需求的深入了解，能够更准确地把握行业的发展方向，从而为课程设置提供指导。毕业生的期望也是重要的考虑因素，因为他们将是未来行业的从业者，他们对所需能力的期待是课程设置的重要依据。同时，对产业发展趋势的了解能够使课程更加贴合实际需求，更好地服务于社会和行业。在构建课程体系时，重点应解决高级应用型人才培养的实际问题。一体化课程计划的设计要注重培养学生的能力，强调综合性的工程实践项目，将学科性理论课程、训练性实践课程和理论实践一体化课程有机整合。这有助于培养学生的基本实践、专业实践、研究创新和创业与社会适应能力。将这些能力融入理论课程和实践教学中，使学生能够在学科知识的同时培养综合能力，更好地解决实际问题。实施一体化课程计划的要求是教师具备在 IT 产业环境中的工程实践经验。除了拥有学科和领域知识外，教师还应具备工程知识和能力，并能够向学生提供实际案例，成为学生的榜样。此外，专业课程的实施需要校内专职教师和校外企业兼职教师的共同努力，以确保学生在校期间能够接触到最新的行业动态和实际工程经验。构建一体化课程计划是为了更好地满足社会需求，培养具备理论知识和实际能力的高级应用型人才。

通过兼顾专业规范、社会需求和学生期望，以及整合理论和实践，可以更好地服务于社会和行业，为学生全面发展提供有力支持。

（三）强化实践教学环节，提高实践项目的比例

强化实践教学环节，提高实践项目比例是新计算机专业人才培养方案中的一项重要举措。通过设计真实的企业环境中的全面、创新的实践项目，旨在加强校企合作平台，提升实践教学的质量，进一步培养学生的应用能力。这一举措对师资有着较高的要求，需要行业内具有生产操作技术精湛、掌握岗位核心能力的专业技术人才参与教学，以引领学生了解专业前沿发展动态，同时树立工程师榜样。此外，将学生送至校外实习基地，让他们亲身参与到企业的真实实践环境中，可谓是一种"身临其境"的学习方式。这种实践教学模式为学生提供了难得的机会，使其能够及时、全面地了解最新的行业发展状况，同时在企业先进的实践环境中得到充分锻炼，更好地适应企业和社会的工作环境。在新计算机专业人才培养方案中，实践项目的比例得到了提高，这是基于对现实社会需求的深刻理解而制定的战略性举措。实践项目的增加旨在帮助学生更好地融入职业生涯，培养实际应用能力和创新思维。为了确保实践项目的有效性和质量，首先需要建立起高水平的师资队伍。通过聘请那些在行业内经验丰富、技术水平高、核心能力强的专业技术人才参与教学，学生能够直接受益于他们的真实经验和领先技术的分享，同时树立起学术榜样，激发学生的学习热情。实践项目的提高还包括将学生送往校外实习基地，使他们能够亲身感受到企业的实际运作环境。这种"身临其境"的实践能够使学生更深入地了解行业的现状和需求，激发其对创新的热情。学生在企业实践中将面临真实的问题和挑战，需要灵活运用所学知识进行解决。这种过程不仅培养了学生解决问题的能力，还使他们逐渐适应了企业和社会的工作环境，为未来的职业生涯奠定了坚实的基础。实践项目在新计算机专业人才培养方案中占据着更为重要的地位，不仅有助于学生的专业素养提升，更是促进其全面发展的有效途径。通过实际参与项目，学生能够更好地将理论知识与实际操作相结合，增强问题解决的能力和创新的思维方式。同时，通过与企业合作，学生能够更好地理解企业运作机制，了解市场需求，提高在职场上的竞争力。在实践教学环节中，新计算机专业人才培养方案为学生提供了更广阔的发展空间，使其更好地适应未来的职业挑战。

（四）改进课程教学和评估方法，加强教学过程的质量控制

改进课程教学和评估方法，加强教学过程的质量控制是新计算机专业人才培养方案的一项重要措施。在这一新方案中，课程教学的综合评估方式被采用，以确保学生在各个方面都得到全面的培养。以综合实践项目为例，其考核体系包括平时考勤与表

现、设计文档评价、设计成果评价、成果展示和组员组长互评等多个方面，旨在全面评价学生的学业表现和综合素质。在课程教学和评估方面，新计算机专业人才培养方案倡导综合评估方式，以确保对学生各方面能力的充分考核。以综合实践项目为例，考核内容包括平时考勤与表现、设计文档评价、设计成果评价、成果展示和组员组长互评等多个方面。这一综合评估方式旨在全面了解学生的学业表现、实践能力和团队协作能力，为学生的全面发展提供有力支持。为了更好地管理实践项目，新计算机专业人才培养方案建立了一个基于课程设计和综合实践项目的网络管理平台。通过这一平台，可以进行工程项目质量过程控制和质量管理，加强对综合性、设计性和创新性实践项目的质量控制。这种基于网络管理平台的管理方法不仅提高了管理效率，还为教学过程的优化提供了有力工具。在实践项目的执行力度方面，新计算机专业人才培养方案充分认识到以往受到本科院校过于松散的教学组织形式的影响。为解决学生惰性，确保实施培养方案，完成学生能力培养的目标，方案提倡有效的实践教学管理。通过建立明确的实践项目执行计划、合理分工和任务分配，以及规范的项目管理流程，确保实践项目的有序进行。这一管理方式强调对学生的引导和监督，使其能够更好地实现预定目标，提高对实践项目的执行力度。在新计算机专业人才培养方案中，改进课程教学和评估方法，加强教学过程的质量控制是为了更好地适应时代需求、提高学生的实际应用能力和团队协作能力。通过全面评估学生的综合素质，建立网络管理平台加强质量控制，以及通过有效的实践教学管理提高项目执行力度，新方案致力于培养出更符合行业和社会需求的计算机专业人才。这一系列措施将有力地促使学生在学业和实践中更全面、更深入地发展，为未来的职业生涯做好充分准备。

三、人才培养方案的课程体系

人才培养方案的课程体系是整个专业教育的重要组成部分，直接关系到学生在学科知识、实践技能、研究创新和创业社会适应等方面的全面培养。在本专业的人才培养模式和项目建设原则的基础上，着眼于培养目标，构建了一套综合的课程计划。整个课程计划分为学科课程、培训课程及理论与实践的整合课程三个主要部分。理论课程是学生系统学习专业知识的基础。公共基础课程包括通识教育，旨在培养学生的文化素养和综合素质。专业基础课程则构建了学科体系，包括了计算机科学与技术等相关专业的基础理论知识。专业课程和选修课程则深入专业领域，为学生提供更为专业化的知识储备，满足其在未来职业发展中的深度需求。实践课程是培养学生实际应用能力的重要途径。公共基础实践课程旨在培养学生的基本实践能力，为其进一步的专业实践打下基础。技能训练类实践课程则通过系统性、操作性的培训，提高学生的操作技能。课程设计类实践课程侧重培养学生的专业实践能力，通过参与真实项目的设计与实施，让学生在实际操作中深化对专业知识的理解。理论实践一体化课程以综合实践项目为主，旨在培养学生的研究创新能力，使其能够在未知领域中有所作为。毕业设计作为实践的顶点，要求学生能够独立完成一个完整的项目，综合运用所学理论和实际技能。综合课程则是整个课程计划的重要补充。这类课程将理论与实践相结合，通过案例分析、项目实践等方式，培养学生的整体素养和跨学科的综合能力。这些综合课程不仅丰富了学生的知识面，更是为其未来的职业生涯提供了更为广阔的发展空间。人才培养方案的课程体系旨在确保学生在学科知识、实践技能、研究创新和创业社会适应等方面都能够得到全面培养。通过理论课程的系统学习，实践课程的有机结合，以及综合课程的补充，致力于培养出具备宽广视野、实际操作能力和创新精神的高层次专业人才，以应对日益复杂多变的社会需求和职业挑战。

第三节　基础建设与实施环境

一、基础建设

实践教学是创新人才培养过程中贯穿始终、不可缺少的重要组成部分。为了保证计算机专业人才培养模式研究和创新人才培养方案的实践，本科院校应根据理论与实践一体化的课程计划设计的需要，建立完善的实践教学体系。

（一）支持培养方案实施的实验室与校外实习基地建设

在推动培养方案实施的过程中，实验室和校外实习基地的建设起着至关重要的作用。为了充分发挥实验室和校外实习基地在学生培养中的作用，应该按照"建立实践教学体系必须遵守和服从专业培养目标，应注重工程实践和创新能力培养"的原则进行规划和建设。实验室建设需要遵循整体规划、分步实施、特色鲜明、逐步淘汰更新的原则。在计算机专业的背景下，可以建立一个计算机专业实验教学中心，为学生提供优质的实验教学服务。这个实验教学中心可以支持三层实验教学系统，涵盖计算机专业的各个方面，从而全面提升学生的专业实践能力、基本实践能力及创新能力。实验室的建设不仅要满足课程教学的需要，更要与行业需求和前沿技术保持一致，以确保学生能够接触到最新的技术和方法。实验室建设需要与产学研相结合，形成良好的产学研合作基地。与企业或研究机构签订校外培训协议，共同制订更符合软件服务外包和嵌入式软件开发人才培训计划。通过建立产学研合作基地，学生可以在实践中接触真实的工作环境，参与实际测试、开发与设计的工作，将理论知识与实际应用相结合，提高其综合素质和实际操作能力。校外实习基地也是学生实践能力培养的关键环节。通过与企业或研究机构合作，学生可以在实际工作中学到更多的专业知识和实践经验。校外实习基地的选择应该充分考虑行业需求，确保学生在实习中能够接触到最新的技术和行业动态。建立与实习企业的紧密联系，加强与企业的沟通和合作，使学生在实习中能够真正融入企业的文化和工作方式，提高其适应能力和实际操作水平。

实验室与校外实习基地的建设应该是与专业培养目标紧密相连的，以培养学生的工程实践和创新能力为核心，旨在提供更为实际和前沿的学习环境。通过这些实践平台的建设，可以更好地实现培养方案的目标，使学生具备更强的实际能力和适应能力，更好地迎接未来职业的挑战。

（二）支持培养方案实施的实验室与校外实习基地建设

实践教学管理在支持培养方案有效实施方面发挥着关键作用。通过利用网络技术，可以为学生提供一系列实验预约服务，使学生更加便捷地了解和预习实验内容。通过提供实验项目资料、实验原理、实验步骤及实验安全注意事项，学生能够在实验前就有充分的准备，提高实验效果。此外，通过网络平台还能为学生提供信息查询、在线答疑、课程安排等服务，提升学生对整个培养方案的全面了解。电子注册系统的应用则可以自动完成实验室使用情况的统计，实现实验仪器设备管理的无纸化，并实现与设备处管理系统信息的共享。这种信息化的管理方式不仅提高了实验室的使用效率，还有助于实验室设备的合理配置和维护。通过电子注册，学校能够更加清晰地了解实验室的繁忙时段和闲置时段，从而更好地利用实验资源。课程设计和综合实践项目管理平台的建设是实践教学管理的另一项重要举措。通过这个平台，可以实现对综合性、设计性、创新性实践项目的全过程管理。采用工程化的项目质量过程控制和质量管理方法，对实践项目进行全面的质量控制，确保项目的设计、实施和成果展示都达到一定的标准。这种管理方式使得实践项目的执行更加有序，有力地促进了学生的实际能力和创新能力的培养。实践教学管理的有效性对于解决本科院校过于松散的教学组织形式带来的问题至关重要。通过对实践教学的有序管理，可以防止学生出现惰性，确保他们能够达到预定的培养目标。实践教学管理应该以工程化的项目管理思维为基础，通过设立明确的项目计划、任务分工和质量控制标准，推动学生全程参与实践项目，培养其工程实践和创新精神。在这一过程中，实践教学管理还要与教学团队和企业进行密切协作，确保培养方案的实施符合实际需求和标准。通过持续改进管理手段和引入新的信息技术，可以不断提高实践教学管理的水平，为学生提供更加优质的实践教学服务，推动培养方案的顺利实施。

二、实施环境

（一）专业图书资料

文献资料的充分积累是支撑教学和科研工作的基本条件之一。在加强实验室和实习基地建设的同时，同样应该高度重视专业文献资料的建设，以为计算机科学与技术专业的学生提供充足的学术支持和研究参考。为了确保学生在学习和毕业设计中能够获取到丰富的参考资料，学校应配备充足的中文数据库。万方数据库、中国学术期刊全文数据库、中文社会科学引文索引等数据库，以及超星数字图书馆、人大复印资料数据库等数字化网络资源，都是计算机科学与技术领域丰富的电子文献来源。这些数据库提供了大量的学术论文、期刊文章、专业书籍等资源，为学生提供了广泛的学科背景和深入的研究资料。学校还可以提供中国学术期刊光盘、计算机书籍配套光盘等实体光盘资源，以满足学生在离线状态下对资料的获取需求。这样的资源不仅提供了数字化的学术文献，还为学生提供了实体书籍的借阅渠道，使得学习资源更加多样化。在教师方面，专门建立教师图书资料室是一个有效的管理手段。这个室内可以收纳计算机科学与技术领域的专业书籍、研究资料及教学参考书目。教师可以在这个空间中查阅相关资料，以提升自己的教学水平和科研能力。同时，这也为教师们提供了一个互相交流、分享经验的空间，促进教学团队的协同合作。在建设文献资料的过程中，还需要注重不同学科领域之间的整合。计算机科学与技术涉及众多学科，跨足计算机硬件、软件、网络、人工智能等多个方向，因此文献资料的建设需要全面覆盖各个子领域。建立一个综合性的文献资料库，整合不同方向的学术资源，将为学生和教师提供更为全面的支持。加强专业文献资料的建设是提高教学和科研质量的必然需求。通过全面积累和整合丰富的学术资源，学校能够更好地满足计算机科学与技术专业学生学习和研究的需要，促进学科的发展和师资队伍的提升。

（二）教学管理与服务

完善质量监控机制

建立高效的教学质量监控体系对于学校的教学工作至关重要。这一体系的建设应当符合教学质量评估的相关要求，全面监控主要教学环节的质量，确保教学活动和教学过程的规范和有序进行。在教学活动方面，学校应该严格执行教学计划、教学大纲、教学任务，以及教学进度和课程表。通过明确每个人的责任，建立起一个有序的管理体系，以确保教学工作按照规定的计划和要求进行。此外，为每一门课程配置课程教学包，制定教学资料归档要求，以便对教材、教学资源等进行有效管理。这有助于提高教学的规范性和效果。建立全方位的教学监督反馈机制是非常关键的。首先，可以实施校院两级监督评估制度，设立二级教学监督委员会，聘请具有丰富教学经验的教师组成教学督导委员会，专门负责监督和指导该行业的专业教学。这样的监督机制能够提供专业、有针对性的反馈，促使教学不断优化。同时，建立日常的教学检查体系，定期对教学活动进行检查，及时反馈考试成绩和教师及相关领导的问题，以便及时解决和改进。学校还可以实施学生评教和学生信息员制度。通过每学期期中进行学生评教，学院及时获取学生对教学质量的反馈。学生信息员定期收集学生的意见，并通过辅导员反馈到教学秘书处，帮助学院发现和解决教学过程中可能存在的问题。这种学生参与评价的机制有助于从学生角度全面了解教学情况，推动教学水平的提高。在实施这些机制的同时，还要注重建立有效的沟通渠道，确保反馈信息的及时性和准确性。只有通过全面、深入的监督和反馈，学校才能更好地发现问题、改进教学，从而提高整体的教学质量。这也符合教育教学工作的持续改进和创新的基本要求。

2. 改革学习效果评价方式

改革学习效果评价方式是教育体系不断完善的重要组成部分。在实际的教学过程中，学习效果评价主体的多样化成为当今现实的需要。除了学生外，学校领导、主管部门也要积极参与教学评价，使评价更加全面和客观。此外，对于教师评价的角色也需要进行转变，从传统的单向评价转变为能够激励学生学习并提升自身专业发展的角色。评价方式改革的主要内容包括持续评估学习效果，评价不再仅限于学期末的总结，而是贯穿整个学习过程。学校应充分关注整个评价过程，对教学活动进行全面的评估，包括对学生在学期内的表现进行鼓励性和指导性评价。这种持续评估有助于更客观地反映教学过程的"教"与"学"效果，避免学生将主要精力用在最后的复习阶段，有利于学生明确学习目标。以学习为中心的评估，教师在课程建设中要将评估方式从以教为中心转变为以学为中心。这要求教师在设计课程时采用以学生为中心的多元化评价要素，鼓励学生和教师在共同学习的氛围中相互促进。这种方式强调学生的主动性和参与度，使评估更贴近学生的学习需求。评估方法应与学习效果相一致，避免评估过程与学习过程分离。以能力培养为本位，评估方法要与学习效果相匹配，注重强化工程实践、创新能力、创业与社会适应能力的培养。评估内容要全面化，不仅考查学生对专业基础知识的掌握，更要评价学生在实践能力等方面的进步。为了达到这一目标，评估方法应多样化，包括书面测试、上机操作测试等，以全面了解学生的学业水平。学习效果评价的改革需要全方位的思考和行动。通过持续评估、以学习为中心的评估和评估方法与学习效果相一致等措施，可以更好地适应当今多元化的教育需求，提高评价的科学性和实用性。这样的改革势必有助于培养更具实际应用能力和创新能力的优秀人才。

第四节 典型课程教学改革案例

计算机专业核心课程中，数据结构一直被视为重要的基础知识，尤其对于大数据工程师和云计算工程师而言更显关键。然而，传统的数据结构课程一直以来都面临着学生学习兴趣不高、难度大、理论性强等问题，因此，对该课程进行教学改革势在必行。观察国内外高校计算机专业的本科教学指导，不难发现数据结构课程一直被视为专业核心课程，且在大数据时代更是成为大数据工程师和云计算工程师不可或缺的基础知识。这表明学术界和工业界对数据结构课程的重视程度极高，对其教学效果和质量提出了更高的要求。传统的数据结构课程存在一些困难，包括概念繁多、内容繁杂、抽象性高、逻辑性强及算法复杂等问题。这使得学生在学习过程中面临较大的挑战，容易感到倦怠和产生惰性，学习成效较低，难以达到教学目标。在大数据处理场景中，掌握高效、专业的数据处理手段显得尤为重要，而这正需要学生深刻理解和熟练运用数据结构和算法。对于这一问题，教学改革是解决的关键。以"软件工程"为例，可以借鉴基于 CDIO 工程教育教学模式的成功经验。基于 CDIO 工程教育教学模式强调培养学生的创造力、设计能力、实现能力和操作能力。通过引入工程实践和项目驱动教学，学生将理论知识与实际应用相结合，提高了对专业知识的理解和兴趣。在数据结构课程的教学中，可以借鉴基于 CDIO 工程教育教学模式，引入项目驱动教学，让学生参与实际项目，通过解决实际问题来理解和应用数据结构。此外，采用更生动、直观的案例分析，以实际应用场景为背景，使学生能够更好地理解和记忆抽象的概念。还可以引入在线学习资源和互动式学习工具，提高学生对数据结构的学习兴趣，降低学习的难度。通过借鉴基于 CDIO 工程教育教学模式的成功经验，对计算机专业核心课程进行教学改革，特别是在数据结构课程中引入项目驱动教学，可以更好地激发学生学习兴趣，提高学习效果，使其更好地掌握这一重要的基础知识。

一、软件工程课程教学改革的探索与实践案例

软件工程课程在计算机专业中具有重要地位，然而，目前教学存在一系列问题，需要通过改革来适应快速发展的软件工程领域。首先，当前的软件工程课程存在教材内容陈旧、结构不完善、实践环节不足等问题，需要及时更新，展现软件工程的新发展。其次，课堂教学中注重基础理论与知识传授，而忽视了实践和实训的重要性，导致对创新能力的培养不足。针对这些问题，许多学校采用基于项目的教学法，但与真实的软件开发环境仍存在较大差距。软件工程教学改革的目标应当以市场需求为导向，以培养应用型人才为目标，适应多层次的课程体系，全面加强素质教育，激发学生学习的主动性和积极性。改革的关键是要调动学生在理论和实践方面的能力，使其能够全面应对软件工程领域的挑战。为实现这一目标，可以借鉴国内外软件人才培养经验，对教学模式、方法、内容设置、课程设置等进行深刻改革。在改革中，应以市场需求为方向，紧密结合社会需求确定培养方向。通过适应多层次的课程体系，学生可以在理论和实践两方面得到全面培养。全面加强素质教育，培养学生的综合素质，使其具备更强的创新能力和团队协作能力。此外，通过调动学生学习的积极性，改变教学方法，使其更具互动性和实践性，帮助学生更好地理解软件工程的关键概念和方法。改革的另一个重点是调整软件工程课程的人才培养模式。应根据软件企业的实际需求，以工程化为培养方向，培养具有一定竞争力的复合型、应用型软件工程技术人才。这可以通过与企业的深度合作，实施项目实践，使学生在真实的软件开发环境中获得经验，提高其实际操作能力。在改革中，还需要关注教材的更新，确保教学内容紧跟行业发展，反映软件工程的最新趋势。此外，建立有效的评价体系，对学生在理论和实践方面的能力进行全面评估，为其个人发展提供有力支持。软件工程课程教学改革是适应时代发展和行业需求的必然要求。通过更新教材、调整教学模式、加强实践环节，可以更好地培养学生成为适应软件工程领域要求的复合型、应用

二、软件工程课程教学的改革实践案例

在软件工程课程教学的实际中，面临着实践教学难以满足实际软件开发环境需求的问题。传统的板书教学方式在传授软件工程理论知识和实践技能方面存在局限，而实践环节由于种种因素的限制难以达到复杂软件开发的真实体验。为解决这一问题，模拟教学法成为软件工程课程改革的一种有效途径。传统教学的弊端主要在于教学内容以教材

为主，板书形式为辅，学生被动接受理论知识和简单实践。这种方式难以培养学生解决实际问题的能力，而软件工程的核心在于实践应用。因此，模拟教学法以其更接近实际开发环境的特点，能够在更真实的场景中进行相关理论和技术的学习，为软件工程课程带来了新的改革机遇。模拟教学法在软件工程课程中的实施，需要借助模拟器来实现。这些模拟器应当具备一系列特征，如体现软件工程的基本原理与技术、反映通用和专用的软件过程、提供信息反馈、易于操作、支持交流等。模拟器的选择决定了模拟教学的实际效果。在实际应用中，软件工程模拟教学通常采用业内或专用的模拟器、游戏形式的模拟器以及支持群体参与的模拟器。业内或专用的模拟器可以更贴近实际工作场景，为学生提供真实的软件开发体验；游戏形式的模拟器则通过更富趣味性的方式激发学生的学习兴趣，使其更好地理解和记忆相关知识；支持群体参与的模拟器则有助于学生在团队中协同工作，培养团队协作精神。软件工程课程教学改革的实践中，模拟教学法为突破实践教学受限的困境提供了新的思路。通过选择合适的模拟器，教师可以为学生创造更为真实、丰富的软件开发环境，激发学生的学习兴趣，提高他们在实践中解决问题的能力，更好地满足软件工程专业对复杂项目开发的需求。这一实践旨在培养学生更贴近实际应用的能力，推动软件工程教学走向更加实用和深入。

（一）业内或专用的模拟器教学法

业内或专用的模拟器是一种综合了当前通用或专用软件开发过程中特定问题的模拟器，如软件开发中的成本计算、需求分析、过程改进等。这种模拟器向操作者提供输入指令，操作者进行信息的输入，最终得到结果的输出。在模拟过程中，操作者可以依据中间结果，对有关参数和流程进行调整和改变。在使用业内或专用的模拟器教学法时，往往从简单的任务入手，随着教学过程的发展，模拟过程也不断深入，不断增加任务难度，从而达到对软件开发周期的全面覆盖。业内或专用的模拟器教学法具有较强的专业性和实用性，能够使学生更好地理解和应用软件工程的知识。通过模拟真实的软件开发情境，学生能够更深入地了解不同阶段的挑战和解决方案，提高解决实际问题的能力。这种教学法注重对软件开发过程中特定问题的模拟，使学生能够有针对性地应对实际工作中可能遇到的难题。

（二）游戏形式的模拟器教学法

由于业内或专用模拟器随着模拟过程的深入，任务的难度会不断加大，考虑到学生实际水平等方面的因素，在教学实施上有一定的难度。此外，在业内或专用模拟器教学中，虽然操作者能够实现对参数的调整，但其交互性的效果并不是很好，这也为学习者在使用上增加了难度。相比之下，以游戏的形式实现软件工程的模拟，学生更愿意接受，学习的积极性也更高。游戏形式的模拟器通常具备以技术引导操作者完成软件开发、演示一般和专用的软件过程、对操作者做出的决策进行反馈、操作难度小、响应速度快及具备交互功能等功能。这种教学法更加注重激发学生的学习兴趣，通过游戏的趣味性让学生更轻松地掌握软件工程的知识和技能。通过游戏形式的模拟器教学法，学生能够在轻松愉悦的氛围中学到知识，同时在与他人互动的过程中锻炼合作和沟通能力。这种教学法更注重学生的主动参与，使学习过程更富有趣味性和挑战性。

（三）支持群参与的模拟器教学法

实际的软件开发通常都是由团队完成的，团队成员间的交流与合作是影响软件开发的关键因素。支持群参与的模拟器的特点就在于对团队工作环境的模拟，通过模拟器实现群体的讨论与交互。在支持群参与的模拟器教学法下，每一个部分的参与者都能够通过模拟器实现相互间的讨论与交流。这种教学法强调团队协作的重要性，让学生在模拟的软件开发环境中体验到真实项目中的协同工作。学生通过与团队成员的互动，学会有效地沟通和协作，培养团队合作的能力。这对于软件工程专业的学生来说尤为重要，因为他们将来很可能在实际工作中面对复杂的团队合作情境。支持群参与的模拟器教学法使学生更好地适应未来职业发展的需要，提前培养了团队协作的实际经验，使其更具竞争力。

（四）基于项目驱动的教学法

基于项目驱动的教学法源于建构主义理论，以项目开发为主线组织和开展教学。在这种教学法中，学生居于主体地位，教师负责对学生的实践过程进行指导。任务驱动教学法在特点上始终坚持以任务为中心，实现了过程与结果的兼顾。在项目驱动法的教学中，教师将学生引入项目开发的情境中，通过项目开发中所遇到的问题与问题的解决，实现学生对于软件开发知识的探索和掌握。对于项目问题的解决，也应以学生为主体，通过学生间的交流与合作来完成，教师则应负责对学生提供相应的指导。实施项目驱动教学法的目的是将学生置于软件开发的任务之中，以任务激发学生的积极性，使学生在完成任务的过程中，建构起自身的知识结构，得到综合能力的锻炼。这里所说的项目，不仅是指教师在课堂上给学生布置一个大题目，也是指直接与企业进行合作，利用企业当前正在开发的项目。在课堂上通常难以提供真实软件开发这样的环境，可以通过走出去，到基地进行实习和实训。基于项目驱动的教学法不仅帮助学生更好地理解理论知识，还锻炼了学生实际项目开发的能力，培养了问题解决和团队协作的技能。通过实际参与项目，学生能够更深入地理解软件开发的方方面面，为将来的职业发展打下坚实的基础。

在软件工程课程中，以上四种教学法可以根据教学目标和学生群体的特点灵活运用。业内或专用的模拟器教学法突出专业性，游戏形式的模拟器教学法注重趣味性，支持群参与的模拟器教学法强调协作性，而基于项目驱动的教学法则更注重实际项目经验。通过合理组合和运用这些教学法，可以更好地提高软件工程课程的实效性和学生的综合能力。

在软件工程领域，典型的软件项目对开发者来说具有多方面的挑战性。首先，开发者需要深入了解项目背景，了解项目的背景信息对于正确理解用户需求、技术选择及整体项目目标至关重要。用户需求是一个动态且常常不一致的因素，因此，开发者必须与用户保持密切的沟通，以确保对用户需求的准确理解，并能够灵活应对变化。同时，开发团队成员可能对采用的技术不够熟悉，可能会面临一些未曾预料到的技术问题。这要求开发者具备快速学习和解决问题的能力，以应对技术挑战。此外，除了技术层面的挑战，团队成员之间的合作也是一个关键因素。成员之间的沟通、工作风格和习惯等因素都会影响项目的进展。在这样的背景下，基于项目驱动的教学法应运而生，其目的主要包括以下四个方面。① 实现学生在真实软件开发相近的环境中学习。基于项目驱动的教学法旨在创造一个与真实软件开发环境相似的学习场景，使学生能够在实践中学习。通过任务的驱动，学生成为学习的主体，通过解决任务中的问题和完成任务，他们将主动搜寻相关信息，实现了自主学习。这种学习方式培养了学生的问题解决能力和自主学习的习惯。② 培养学生团队合作的意识和能力。在软件工程项目中，通常需要团队协作。基于项目驱动的教学法通过将学生分为小组，每个小组共同完成项目，强调团队合作的重要性。学生在项目中的完成与小组的利益紧密相连，促使他们在项目完成过程中达成共识，协调分歧，从而培养了团队协作的意识和能力。③ 培养学生分析和解决问题的能力。在任务驱动的教学法中，学生需要讨论、分析和解决任务中出现的问题。通过这个过程，学生的主动性和创造性得到发挥，使他们在主动参与中提升了分析和解决问题的能力。这种能力不仅在软件开发中至关重要，也是其他领域需要的关键技能。④ 培养学生的实践创新能力。创新离不开实践。基于项目驱动的教学法通过相同任务的不同解决方案，培养了学生实践创新的能力。学生在任务中会根据自身理解进行创新性的设计，促使他们的创新思维在实践中得到锻炼。这有助于将学生的创新思维转化为实际实践，提高他们的创新能力。基于项目驱动的教学法最大的优势在于充分发挥学生的主动性。通过主动的学习和实践，学生可以在多方面获得素质和能力的提升，包括问题解决能力、团队协作能力、分析和解决问题的能力，以及实践创新能力。这种教学法为学生提供了更贴近实际软件开发的学习体验，更好地培养了他们在未来职业生涯中所需的综合能力。

第六章

计算机教学策略的基础

　　计算机科学与技术的快速发展对计算机教育提出了更高的要求，传统的教学模式面临着诸多挑战。在这个数字化时代，计算机教学策略的更新和创新显得尤为迫切。计算机教育不再仅仅是传授编程语言和基础知识，更需要培养学生的创新思维、问题解决能力及适应未来科技发展的综合素养。计算机教育的基础是理论知识的传授，但在追求理论深度的同时，更需关注如何激发学生的学习兴趣，激发创新潜能。传统的教育往往以灌输为主，但在计算机教学中，需要更加注重培养学生的实践动手能力。理论知识通过实践应用才能更好地为学生所理解和掌握，因此，注重实践性教学成为当今计算机教育策略中的一项关键措施。计算机技术的快速发展和应用广泛性要求计算机教育更加贴近实际应用。传统的计算机课程架构往往滞后于技术的发展，因此需要及时更新教学内容，引入新兴技术和热点领域。更具前瞻性的课程设置可以使学生更好地适应未来行业的需求，提前感知行业的发展方向。计算机领域的跨学科性质要求教学策略更加开放和综合。计算机科学不再是一个孤立的学科，而是与工程、数学、生物等多个领域相交叉，这也要求在教学中打破学科壁垒，引导学生进行跨学科的思考和实践。培养学生的团队协作和跨学科综合能力，使他们能够更好地在复杂多变的工作环境中脱颖而出。计算机教学策略的制定需要更注重个性化。每个学生的学习方式和兴趣都各异，因此，灵活的教学方法和多样化的教学资源是必不可少的。个性化教学可以更好地满足学生的需求，激发他们的学习热情，使每个学生都能够在计算机领域找到自己的兴趣点和发展方向。在这个新时代，计算机教学策略的更新与创新是促进学科发展、推动学生全面发展的关键。本章将深入探讨如何制定符合现代计算机教育需要的教学策略，使计算机教育更好地服务于学生的综合素养和未来职业发展。

第一节 理解教学策略的重要性

一、促进深度学习

在计算机教学中，教学策略的重要性体现在其对深度学习的促进上。深度学习是指学生对所学知识进行更为深入、全面和有意义的理解与运用。采用恰当的教学策略可以有效激发学生的学习兴趣，提高学习动机，使他们更加专注和深入地思考所学的计算机相关内容。互动式教学策略是促进深度学习的关键。通过引入问题解决、小组合作、实践项目等互动性的学习活动，教师能够在学生中间营造积极的学习氛围。学生在互动中能够分享观点、交流思想，从而深入理解计算机科学的核心概念。这种互动式的教学方式有助于激发学生的创造性思维，培养他们在解决实际问题时的能力，进而促进对计算机学科的深度掌握。项目驱动的教学策略能够使学生在实践中深化对计算机概念的理解。通过参与真实项目，学生将理论知识应用到实际情境中，从而更好地领会和体会计算机科学的实际运用。项目驱动的教学方法强调解决问题的过程，使学生在解决实际问题的同时，逐步培养对计算机科学领域的深度兴趣，提升他们的学科素养。个别化学习策略有助于满足学生个体差异，激发个体深度学习的潜力。在计算机教学中，学生的先验知识、学科兴趣、学习风格等差异较大。采用个别化的学习策略，教师可以根据学生的实际情况进行针对性的教学安排，满足他们在深度学习方面的个体需求。这种个别化的关怀和支持有助于激发学生学习的积极性，推动他们更为深入地探究计算机学科的内涵。形成性评估策略作为教学过程中的反馈机制，对促进深度学习具有重要作用。形成性评估强调在学习过程中不断获取、反馈学生的学业水平。通过及时的评价，学生可以了解自己的学习状态，发现并纠正错误，不断完善对计算机科学知识的理解。形成性评估使教学过程更具动态性和适应性，有助于学生逐步达到对计算机学科深度认知的目标。计算机教学策略的选择和设计对于促进学生深度学习至关重要。互动式教学、项目驱动、个别化学习和形成性评估等策略的有机结合，可以在计算机教育中引导学生深入思考、实践探索，从而培养出更具深度学习能力的计算机专业人才。

二、提升实际操作技能

在计算机教学中，提升实际操作技能是教学策略的一项重要目标，因为计算机科学与技术领域强调实践和应用，而具备良好的实际操作技能是计算机专业人才的基本素养之一。教学策略通过合理的课程设计和教学方法的选择，能够促使学生更加深入地理解计算机科学理论，并将理论知识转化为实际操作能力。理论知识是计算机科学的基础，但真正的能力体现在将理论应用于实际问题的过程中。通过设计注重实际操作的教学策略，教师可以引导学生在实践中巩固和应用所学的理论知识，从而更好地理解和掌握计算机科学的核心概念。实际操作技能的提升需要学生具备实际问题解决的能力。采用问题驱动的教学策略，通过向学生提供真实且具有挑战性的问题，引导学生主动探索解决方案。在问题解决的过程中，学生不仅需要灵活运用所学的理论知识，还需要通过实际操作来验证和完善解决方案。这种问题驱动的教学策略能够使学生在实际操作中培养问题分析与解决问题的实际技能，提高他们在计算机领域的实践能力。采用项目驱动的教学策略也是提升实际操作技能的有效途径。通过项目设计，学生能够参与到一个完整的项目开发过程中，涉及需求分析、系统设计、编码实现、测试等多个环节。这样的综合性实际项目可以帮助学生全面掌握计算机科学与技术的各个方面，使他们在实践中逐步形成并提升实际操作技能。项目驱动的教学策略不仅能够提高学生的技术能力，还培养了他们的团队协作、沟通协调等软技能，更符合未来从业环境对计算机专业人才的综合要求。为了提升实际操作技能，还需要注重实践环境的搭建。通过搭建真实、仿真或虚拟的计算机实验环境，学生能够在更贴近实际工作场景的情境下进行实际操作，增强他们的实践经验。教学策略应当着眼于为学生提供丰富多样、贴近职业需求的实践环境，使其能够在模拟的或真实的计算机工作环境中提升操作技能。教学策略对于提升计算机专业学生的实际操作技能至关重要。通过问题驱动、项目驱动、实践环境搭建等策略的合理运用，可以促使学生更好地理解理论知识、提高解决实际问题的能力，培养其在计算机领域的实践技能。这不仅有助于学生更好地适应未来的工作需求，也为他们的职业发展奠定了坚实的基础。

三、激发学生兴趣

激发学生对计算机学科的兴趣是计算机教学中至关重要的一个方面，而采用有效的教学策略是实现这一目标的关键。教学策略能够通过设计富有趣味性的教学内容和活动，使计算机学科更具吸引力。计算机科学作为一门技术性强、抽象性高的学科，有时可能让学生感到学习难度较大，缺乏实际应用和趣味性。通过巧妙设计引人入胜的教学内容，如实际案例分析、有趣的编程挑战、创新性项目等，能够让学生在学习中体验到计算机学科的魅力，从而激发他们的学科兴趣。教学策略应注重培养学生的实际动手能力，通过实践性的任务和项目驱动的学习，引导学生亲身参与计算机科学的实践活动。这种实践性的学习方式可以帮助学生将抽象的理论知识转化为具体的实际操作，增强他们的实际动手能力。实际动手操作不仅能够增加学科的趣味性，还能够提高学生对计算机学科的实际认知和理解，从而激发他们对学科的浓厚兴趣。与实际应用结合的教学策略也是激发学生兴趣的有效途径。通过将计算机科学的理论知识与实际应用场景相结合，让学生看到计算机技术在各行各业中的广泛应用，可以激发学生对计算机学科的兴趣。例如，通过案例研究分析现代科技领域中计算机科学的应用，或者邀请行业专业人士进行实际案例分享，都可以使学生更好地理解学科的实际应用，增强他们的学科兴趣。教学策略还可以通过多元化的教学方法和资源，满足学生不同的学科兴趣和学习需求。计算机学科涵盖面广泛，包括编程、算法、数据库、网络等多个方向，而学生的兴趣点也各异。教师可以通过灵活运用多种教学方法，如讲座、实验、讨论、在线资源等，以满足学生不同的学科兴趣和学习方式，提高他们的学科投入度。教学策略在激发学生对计算机学科的兴趣方面发挥着至关重要的作用。通过巧妙设计富有趣味性的教学内容、注重实践性学习、与实际应用结合、多元化的教学方法等方式，可以使学生更加主动地投入到计算机学科的学习中，培养他们的学科兴趣，为其未来的学科发展和职业规划打下坚实基础。

四、支持个性化学习

支持个性化学习是计算机教学中一项至关重要的教学策略，因为学生在学习风格、学科兴趣和学习节奏等方面存在差异。个性化学习策略旨在充分考虑和满足每个学生的独特需求，提供个性化的学习体验，以促进他们的全面发展和学科深度理解。个性化学习策略关注学生的学习风格和偏好。不同学生对于学习的方式有着不同的偏好，有些人更倾向于视觉化学习，有些人更擅长听觉学习，而另一些人可能更喜欢通过实践活动来加深理解。通过灵活运用多样化的教学方法，如视听教学、实践性项目、小组合作等，可以满足不同学生的学习偏好，提高他们的学习效果。个性化学习策略注重学科兴趣的培养。计算机学科涵盖众多领域，包括编程、算法、人工智能、网络安全等，而学生对这些领域的兴趣点各异。为了激发学生对计算机学科的浓厚兴趣，教师可以通过引入丰富多彩的实际案例、邀请业界专业人士进行分享、组织学科兴趣小组等方式，让学生更全面地了解计算机学科的各个方面，培养他们的学科兴趣。个性化学习策略考虑到学生的学习节奏和水平。在计算机学科中，学生的学科基础和技能水平可能存在差异，有的学生可能具备较高的编程能力，而另一些学生可能需要更多的基础训练。为了满足不同学生的需求，教师可以通过设立不同难度层次的课程、提供个性化辅导、鼓励学生自主学习等方式，支持学生根据自身水平和学习进度进行个性化调整，保障每个学生都能够在适合自己的学习环境中充分发展。个性化学习策略还关注学生的自主学习能力。在计算机学科中，自主学习对于培养学生的终身学习能力至关重要。通过引导学生制订学习计划、提供学科资源的自主选择、激发问题解决的主动性等方式，可以培养学生独立思考和自主学习的能力，使他们在未来的学习和职业发展中更具竞争力。个性化学习策略在计算机教学中的重要性不可忽视。通过关注学生的学习风格、培养学科兴趣、考虑学习节奏和水平、促进自主学习能力等方面，可以为每个学生提供更为贴近其需求的学习体验，推动其全面发展，培养其在计算机学科中的深度理解和创新能力。这种个性化学习策略的实施将有助于激发学生对计算机学科的浓厚兴趣，提高他们的学科投入度，为其未来的学术和职业道路奠定坚实基础。

五、培养团队协作能力

培养团队协作能力在计算机教学中占据着极其重要的位置。随着计算机科学与技术领域的迅速发展，越来越多的软件项目需要由跨学科、跨专业的团队合作完成。因此，教学策略中注重培养学生的团队协作能力成为迫切需求，这不仅有助于学生更好地适应未来的工作环境，也能够提高项目的整体效率和质量。团队协作能力是培养学生创新能力的关键。在计算机领域，许多复杂的问题需要团队成员之间紧密合作，共同寻找解决方案。通过将学生组织成小组，让他们共同面对并解决实际问题，可以激发学生的创造性思维和解决问题的能力。在团队合作中，学生们需要不断地交流、分享和整合各自的想法，从而培养出在未来工作中更具创新力的人才。团队协作能力有助于培养学生的沟通技能。在计算机项目中，团队成员需要明确地表达自己的观点，理解和倾听他人的意见，协商共同的决策，并有效地传达工作进展。通过实际项目中的团队协作，学生将能够提高书面和口头表达的能力，培养团队成员间的良好沟通氛围，为将来与同事、客户和其他利益相关者进行合作打下坚实基础。团队协作能力有助于培养学生的领导才能。在团队合作中，学生有机会担任不同的角色，学会领导并协调团队成员的工作。通过制订工作计划、分配任务、解决内部矛盾等活动，学生将逐渐培养起领导才能，提高团队的整体效能。这对于学生未来在工作中晋升为团队领导者，甚至创业经营自己的公司都具有重要的价值。团队协作能力培养还能帮助学生更好地理解和尊重多样性。在计算机领域，一个成功的项目通常需要来自不同背景、具有不同技能和专业知识的团队成员。通过与多元化的团队协作，学生将更好地理解和尊重他人的观点、经验和文化背景，培养跨文化合作的能力，使他们更具国际竞争力。培养团队协作能力是计算机教学中教学策略的一项重要内容。通过实际项目中的团队协作，学生不仅能够提高创新能力、沟通技能和领导才能，还能够更好地理解和尊重多样性，为未来走向职业领域打下坚实的基础。这种教学策略的实施将有助于培养更具团队协作能力的计算机专业人才，满足行业对全面发展人才的需求。

六、培养问题解决能力

培养问题解决能力在计算机教学中具有至关重要的意义。随着信息技术的飞速发展，计算机领域面临着日益复杂和多样的问题，而培养学生解决这些问题的能力成为教学的迫切需求。问题解决能力不仅是学生应对未来职业挑战的核心素养，也是推动计算机科学与技术不断进步的动力之一。培养问题解决能力能够使学生更好地适应不断变化的技术环境。在计算机领域，技术日新月异，新的问题和挑战层出不穷。学生若能具备较强的问题解决能力，就能更灵活、更迅速地应对新兴技术、新问题的出现，保持对技术发展的敏感性和适应性。这种灵活性和适应性对于从事计算机职业的学生而言至关重要。培养问题解决能力有助于提高学生的创新意识。解决问题的过程本质上是一个创新的过程，需要学生能够独立思考、勇于尝试新思路，并灵活运用所学知识。通过教学策略的引导，学生将在实际问题解决中培养出探索未知领域、提出创新解决方案的习惯，从而在未来的工作和研究中更具竞争力。培养问题解决能力有助于提升学生的团队协作水平。在解决实际问题的过程中，学生通常需要与团队成员协同合作，共同应对复杂的挑战。通过在团队中分享、讨论、协商解决方案，学生能够更好地理解不同观点，形成共识，提高团队整体的解决问题的效率和质量。培养问题解决能力还能够激发学生对计算机科学与技术的热情。当学生能够通过自己的努力解决一个个实际问题时，会获得成就感和自信心，从而更加热衷于深入学习计算机领域的知识。这种自主解决问题的经验将激发学生对学科的深厚兴趣，促使他们更主动地参与学科的学习。教学策略中注重培养问题解决能力是计算机教育中的一项重要任务。通过在课程设置、教学方法和实践项目中融入问题解决的元素，教育者能够引导学生在真实问题的解决中培养出自主学习、创新思维、团队协作等多方面的综合素养。这将有助于学生更好地迎接未来的职业挑战，为计算机领域的不断发展和创新做出积极的贡献。

七、及时更新教学内容

及时更新教学内容是计算机教学策略中的一项至关重要的方面。随着计算机科学与技术领域的不断发展，新的技术、工具和方法层出不穷，教学内容的及时更新可以确保教育体系与行业的同步发展，更好地服务学生的学习需求，提高他们的综合素养。计算机领域的知识和技术日新月异，教育者必须紧跟行业的最新动态，将最新的研究成果、技术应用、行业趋势纳入教学内容中。通过更新教学内容，学生能够及时了解和掌握最新的技术发展，为他们未来的职业发展提供更为实际和前瞻性的指导。及时更新教学内容有助于弥补传统教育滞后的缺陷。传统教育往往滞后于实际行业需求，因为制定和调整教材、课程往往需要较长的时间。而通过及时更新教学内容，可以更加灵活地应对行业的快速变化，确保学生获得的知识是真实且具有实际应用价值的。计算机领域的研究成果和实践经验日益积累，及时更新教学内容可以反映最新的教学理念和方法。这包括课程设计、教学案例、实验项目等方面的更新，以更好地适应学生的学习方式和需求，提高教学效果。及时更新教学内容还有助于培养学生的自主学习能力。通过引入新颖的教学内容，教育者可以激发学生对未知领域的好奇心和求知欲，培养其主动获取知识的意愿和能力。这有助于学生建立持续学习的习惯，适应未来不断变化的知识体系。及时更新教学内容是计算机教学策略中的一项关键措施。它不仅能够保持教育与行业同步，提高学生的职业竞争力，还有助于弥补传统教育的滞后，反映最新的教学理念和方法，培养学生的自主学习能力，为他们未来的发展奠定坚实的基础。通过不断更新教学内容，计算机教育能够更好地适应时代变革，为学生职业生涯的成功提供更有力的支持。

第二节　教学策略的定义和分类

一、教学策略的定义

教学策略是指教育工作者在教学过程中采用的计划和方法，以达到特定的学习目标。它是一种有意识、有目的地组织和安排教学活动的方式，涉及教学内容的选择、教学方法的设计、学生参与的程度及评估方式的确定等方面。教学策略旨在激发学生的学习兴趣，促进他们的深度学习，培养综合素质和能力，使其能够更好地适应未来的挑战。教学策略的核心在于对教学过程的精心设计和灵活运用。首先，教学策略要与教学目标紧密相连，确保学生能够全面、深刻地理解所学内容，并能够运用知识解决实际问题。其次，教学策略需要充分考虑学生的特点、兴趣和学习风格，以提高教学的针对性和吸引力。教学策略还应注重互动性，鼓励学生参与到教学过程中，培养其独立思考和解决问题的能力。最后，教学策略要灵活应变，根据教学环境、学科特点和学生反馈等因素进行调整和优化。教学策略的设计包括多个层面。首先是教学内容的选择，涉及教师对课程材料的精心挑选，确保内容既符合学科发展的前沿，又贴合学生的认知水平。其次是教学方法的设计，包括讲授、案例分析、实验、小组讨论等多种方式，以丰富教学过程，满足不同学生的学习需求。再次是学生参与的程度，通过提供机会让学生积极参与课堂讨论、展示、项目实践等活动，培养其团队协作和沟通能力。最后是评估方式的确定，要确保评估方法既能客观地反映学生的学习状况，又能激发他们的学习兴趣和动力。教学策略的实施需要教育工作者在不断的实践中进行总结和调整。在现代教育中，随着技术的发展，教学策略的创新也成为一种重要的趋势。借助信息技术，可以开展在线教学、远程合作等多样化的教学方式，提高教学的灵活性和互动性。同时，关注学科整合、跨学科教学等策略也逐渐引起重视，促使学生形成更为全面的知识结构。教学策略的定义涵盖了对教学全过程的规划和组织，旨在创造一个富有启发性、有益于学生全面发展的学习环境。在教育的众多元素中，教学策略无疑是其中至关重要的一环，它为教育者提供了有效的工具和方法，帮助学生更好地获取知识、培养能力，迎接未来的挑战。

二、教学策略的分类

（一）根据教学目标分类

1.目标导向策略

根据教学目标分类的教学策略，目标导向策略是一种关注教学目标设置和达成的方法，它致力于确保教学过程中的每一步都有助于学生实现既定的学习目标。这种策略以学生的发展需求和学科要求为出发点，通过明确的目标设定和有效的教学方法，引导学生在学术、认知和实践方面取得全面的进步。目标导向策略注重教学目标的明确设定。在教学开始之前，教育者会仔细分析学科特点和学生水平，确立明确而具体的教学目标。这有助于学生理解课程的重点和方向，明确学习的目的，为学习过程提供清晰的指引。目标导向策略强调教育者在制定教学目标时应考虑到学科的层次、学生的背景和实际应用场景，确保目标的科学性和实际性。目标导向策略通过设定具体的学习目标，引导学生形成系统的知识结构。在课程设计中，教育者会根据学科知识体系和学生学习阶段，设计一系列有层次、有关联的学习目标。这有助于学生逐步建构知识框架，形成系统性的学科认知。目标导向策略追求通过层层递进的目标设定，使学生在知识上形成逻辑性的结构，增强学科内在的联系性。目标导向策略关注教学方法与学习目标的匹配。在实施教学过程中，教育者会根据不同的学习目标选择合适的教学方法。例如，在追求学科理论掌握的目标下，可以采用讲授、示范等传统教学方法；而在追求实际应用技能的目标下，可以引入案例分析、实践操作等主动参与性的教学手段。目标导向策略注重教学手段与学习目标之间的内在关联，使学生更加主动地参与学习，提高学习效果。目标导向策略强调教育评估与学习目标的紧密结合。通过设定明确的学习目标，教育者能够更加科学、客观地评估学生的学习成果。教育者可以通过考试、项目评估、实际应用等方式，全面评价学生是否达到预期的学习目标。目标导向策略强调评估的时效性和有效性，以便及时调整教学策略，满足学生的个性化需求。目标导向策略是一种强调学习目标设定、学科知识体系构建、教学方法选择和教育评估的教学策略。通过明确的学习目标，引导学生系统地学习知识，激发学生的学习兴趣和动力，提高学生的学习效果。在实施目标导向策略时，教育者需要根据学科特点和学生需求精心设计教学过程，确保学习目标的全面达成，促进学生在学术和实践方面的全面发展。

2. 过程导向策略

过程导向策略是一种教学策略，其核心理念在于关注教学过程中的各个环节，强调学生在学习过程中的积极参与、思考和交互。这一策略强调教育者在课堂教学中注重如何引导学生主动思考，促使学生参与到深度学习的过程中，从而更好地实现教育目标。过程导向策略注重教学过程中的交互与合作。在传统教学模式中，教育者通常是信息的传递者，学生是被动接收者。而过程导向策略通过鼓励学生之间的交流、合作和讨论，使学生在探讨问题、解决问题的过程中获得知识。通过小组讨论、项目合作等方式，学生能够更加深入地理解知识，并通过与他人的互动获得新的视角和思考方式。过程导向策略关注学生在学习过程中的思维过程。教育者通过设计启发性的问题、组织富有挑战性的任务，引导学生进行主动的思考和探究。这有助于培养学生的分析、解决问题的能力，使他们在学习中形成独立思考的习惯。过程导向策略追求在教学过程中引导学生形成深层次的理解，而不仅仅是对知识点的表层记忆。过程导向策略注重个体差异的尊重和发展。每个学生的学习风格、兴趣爱好、认知水平都不尽相同，因此过程导向的教学策略强调个性化的学习体验。教育者在设计教学活动时，会考虑到学生的多样性，提供多元化的学习方式和资源，以满足不同学生的学习需求，激发他们的学习兴趣和动力。过程导向策略关注学生在学习过程中的反思与反馈。教育者鼓励学生对自己的学习过程进行反思，通过定期的反馈机制，及时了解学生的学习情况。这有助于教育者根据学生的实际需求进行调整，优化教学策略，促进学生在学术和个人发展方面取得更好的成果。过程导向策略是一种强调学习过程、交互合作、深度思考和个性化发展的教学策略。通过引导学生主动参与学习过程，培养他们的批判性思维、解决问题的能力和团队协作精神，过程导向策略有助于学生在学术和实践中实现全面发展。在实施过程导向策略时，教育者需要关注学生的学习体验，灵活运用不同的教学手段，创设丰富的学习环境，激发学生的学习热情，推动他们更好地实现学习目标。

（二）根据学习活动分类

1. 合作学习策略

合作学习策略是一种基于学生之间相互合作、共同构建知识的教学方法。这一策略强调学生通过与他人互动、合作，促进自己的学习，是一种积极参与和互动的学习方式。合作学习策略是一种以学生之间的合作与互动为基础的教学方法，旨在通过小组协作、共同解决问题、讨论与交流等活动，促进学生在学术、社会和情感方面的全面发展。与传统的单一学习模式相比，合作学习强调团队合作、信息分享和集体建构知识，注重个体在小组中的角色和责任，是一种体现学习者中心理念的教学策略。合作学习能够促进学生的深度学习。在小组合作的过程中，学生需要通过彼此之间的讨论与交流，共同解决问题和完成任务。这样的互动不仅能够帮助学生更深入地理解学科知识，还能够促使他们思考问题的多个角度，培养批判性思维和创新性思维，从而实现对知识的深度理解与掌握。合作学习有助于培养学生的团队协作能力。在小组合作中，学生需要共同商讨解决方案、分工合作、相互支持，这有助于培养他们的团队协作精神。通过与他人共同合作的经历，学生能够更好地理解团队协作的重要性，学会与他人有效沟通，培养良好的团队合作技能，为将来的工作和社交提供有力支持。合作学习强调学生之间的互助与支持。在小组中，学生之间可以相互分享经验、共同解决难题，形成学习伙伴关系。这种互帮互助的学习氛围有助于降低学习的焦虑感，提高学生的学业满意度，促进积极的学习情感，从而激发学生更积极主动地投入学习。合作学习有助于提升学生的社会交往能力。在小组中，学生需要与他人有效沟通、协商解决问题，这有助于培养他们的社交技能和人际关系管理能力。通过与不同背景、观点的同伴合作，学生能够更好地适应多样化的社会环境，增强他们的人际交往能力，为未来的职业和社交生活奠定基础。合作学习策略是一种强调学生之间合作与互动的教学方法，其核心理念是通过小组协作，促使学生在学术、社会和情感方面得到全面发展。这一策略在提高学生深度学习、培养团队协作能力、促进社会交往能力等方面具有显著的优势。在实施合作学习策略时，教育者需要精心设计合作任务，引导学生有效合作，同时关注小组动态，提供及时的反馈和指导，以确保合作学习的有效实施。

2. 个别化学习策略

个别化学习策略是一种以学生个体差异为出发点，通过差异化的教学安排和资源配置，满足学生个性化学习需求的教学方法。在传统教学中，学生常常因学科水平、学习风格和兴趣等方面的不同而表现出明显的差异。个别化学习策略的出现旨在充分发挥每个学生的潜能，促使其在学术、情感和社会方面实现全面发展。个别化学习策略强调关注学生的个体特征。每个学生都是独特的个体，拥有不同的学习风格、认知水平和兴趣爱好。个别化学习策略通过深入了解学生的个体差异，为其提供更为贴合、个性化的学习体验。这种关注个体的特征，有助于激发学生的学习兴趣，提高学习的主动性和积极性，从而更好地实现知识的吸收和运用。个别化学习策略注重根据学科水平进行差异化教学。不同学科在知识体系、学科难度和学科目标等方面存在差异，个别化学习策略要求根据学科的不同特点进行有针对性的教学安排。对于高水平学生，可以提供更深入、拓展性的学科内容；而对于低水平学生，则可以通过分步引导、巩固基础知识，逐步提升其学科水平。通过对学科水平的差异性进行合理的关注和引导，有助于促进每个学生在学科上的个体化成长。个别化学习策略强调根据学生的学习风格进行个性化设计。学生在学习过程中展现出不同的学习风格，有的喜欢通过视觉方式学习，有的更喜欢听觉方式，还有的更适应动手实践。个别化学习策略通过了解学生的学习风格，为其提供更适宜的学习材料、教学方法和学习环境。这样的个性化设计有助于提高学生学习的效果，让学生更加主动地参与到学习中去，增强其学习动力。个别化学习策略强调关注学生的学习进程，及时调整教学策略。学生的学习进程是一个动态的过程，个别化学习策略强调通过不断的评估和调整，满足学生在不同学习阶段的需求。在学习过程中，学生可能会遇到困难或者取得了进步，个别化学习策略要求及时调整教学策略，为学生提供更为合适的支持与指导。这种动态的关注学生学习进程的方式，有助于培养学生的学习自觉性和学习自主性，提高其学习的效果。个别化学习策略是一种关注学生个体特征、根据学科水平差异和学习风格进行个性化设计的教学方法。这一策略通过关注学生的差异性，提供差异化的学习体验，促进学生的全面发展。在实施个别化学习策略时，教育者需要灵活运用教学资源，深入了解学生的个体差异，注重学科水平和学习风格的差异化设计，及时调整教学策略，以提高教育教学的针对性和有效性。

（三）根据教学方法分类

1. 问题解决策略

问题解决策略是一种强调学生通过分析、思考和解决实际问题来获取知识和技能的教学方法。这种策略突出培养学生的问题解决能力，使其在面对复杂情境时能够独立思考、提出解决方案，并通过实际操作得以验证。问题解决策略是一种以实际问题为切入点，通过学生分析、思考和解决问题的过程来达到教学目标的教学方法。与传统的以知识传授为主的教学方式不同，问题解决策略强调培养学生的问题解决能力，使其具备独立思考、主动探究的学习态度。问题解决策略注重激发学生的学习兴趣和主动性。通过提出实际问题，引导学生主动参与问题的探讨和解决过程，激发了学生对知识的渴望和学习的积极性。学生在实际问题解决的过程中，不仅能够获取知识，还能够培养批判性思维、创新意识和实际操作技能。这种学习方式使学生更具主动性和参与性，从而更容易保持对学科内容的浓厚兴趣。问题解决策略注重培养学生的批判性思维和创新意识。问题解决过程中，学生需要对问题进行深入的思考和分析，寻找合理的解决方案。这要求学生具备批判性思维，能够对问题进行全面、深入的思考，并能够从多个角度出发进行分析。同时，学生在解决问题的过程中，也要具备创新意识，寻找新颖、有效的解决方案。通过培养批判性思维和创新意识，问题解决策略有助于提高学生的综合素质。问题解决策略注重实践操作，强调知行合一。问题解决并不仅仅停留在理论层面，更强调将解决方案付诸实践。学生在解决问题的过程中，需要运用所学知识进行实际操作，验证解决方案的可行性。这种知行合一的学习方式有助于加深学生对知识的理解，提高实际操作技能，培养学生的实践创新能力。问题解决策略注重学科知识的整合和应用。在问题解决的过程中，学生需要综合运用不同学科领域的知识，将各个知识点有机结合，形成完整的解决方案。这有助于培养学生对学科知识的整体把握能力，提高他们在实际问题解决中的综合应用水平。问题解决策略是一种强调通过解决实际问题来促进学生学习的教学方法。这种策略突出培养学生的问题解决能力、批判性思维和实践创新能力，有助于学生形成全面发展的学习态度和综合素质。在实施问题解决策略时，教育者需要合理设计问题情境，引导学生积极参与解决过程，以提升学生的学科素养和实际应用能力。

2. 案例教学策略

案例教学策略是一种基于真实或虚构的案例，通过学生对案例的分析、讨论和解决，达到学科知识和实际问题解决能力培养的教学方法。案例教学策略是一种注重通过实际案例引导学生学习的教学方法，其主要特点在于将学科知识与实际问题相结合，通过学生对案例的分析、讨论和解决，达到深度学习和实际应用的目的。案例教学策略强调学科知识与实际问题的融合。通过真实或虚构的案例，学生能够接触到贴近实际的问题情境，从而更好地理解和掌握学科知识。案例通常涉及复杂的现实情境，学生在分析和解决案例的过程中，需要运用多学科的知识，形成对知识的整体认知。这有助于打破学科知识的孤立性，促使学生形成更为全面的学科视野。案例教学策略注重培养学生的问题解决能力。在案例中，学生往往面临着具体的问题，需要通过深入分析和综合考虑，提出解决方案。这种过程不仅能够培养学生的批判性思维，还能够锻炼他们在面对问题时的应变能力。案例中的问题通常是开放性的，学生需要通过自主学习和合作讨论，找到最佳的解决途径。因此，案例教学有助于提高学生的问题解决能力，使其在实际工作中能够更好地应对各种挑战。案例教学策略强调学生间的合作与讨论。在分析和解决案例的过程中，学生往往需要进行小组合作，共同探讨问题、分享观点、提出解决方案。这种合作方式有助于培养学生的团队协作精神和沟通能力。通过与同学的讨论，学生能够从不同的角度获得观点和建议，促进思维的碰撞和交流。这种合作性学习模式有助于学生更好地理解案例，形成集体智慧，提高解决问题的效果。案例教学策略注重实际案例的应用。通过分析和解决案例，学生能够将学科知识应用到实际情境中，增强知识的实际操作性。案例通常反映出真实的业务场景或问题，学生在解决案例的过程中，需要考虑到各种实际因素，如时间、成本、资源等。这种综合性的学习方式有助于学生更好地理解学科知识的实际应用，提高他们在实际工作中的实际操作技能。案例教学策略是一种重视学科知识与实际问题相结合的教学方法。通过真实或虚构的案例，学生能够深度学习、培养问题解决能力、加强合作与讨论，同时将学科知识应用于实际情境，为学生的综合素质和实际操作技能的培养提供了有力支持。在实施案例教学策略时，教育者需要合理设计案例，引导学生积极参与讨论和解决的案例，以促进深层次的学习和能力培养。

第七章

计算机教学策略的设计原则

第一节　教学目标与策略的关系

一、目标引导策略选择

在计算机教学中，教学目标与教学策略之间存在密切的关系，二者相辅相成，相互影响。教学目标是教育活动的方向和目的，而教学策略则是为实现这些目标而采取的具体手段和方法。正确引导教学目标与策略的关系，能够有效提高计算机教学的效果。教学目标的明确性对于选择适当的教学策略至关重要。在计算机教学中，教学目标应该清晰具体，能够明确学生需要掌握的知识、技能和能力。例如，一个教学目标可能是让学生掌握特定编程语言的基本语法和逻辑。这个目标的明确性将直接影响到选择相应的教学策略，比如采用案例教学、项目实践等方式，帮助学生在实际操作中理解和掌握编程语言的要点。教学目标的层次性也影响到教学策略的选择。在计算机教学中，教学目标可以分为基础性目标和拓展性目标。基础性目标通常涉及基本的技能和知识，而拓展性目标则更注重学生的创新和综合运用能力。对于基础性目标，可以采用系统性的教学方法，如讲授、演示等；而对于拓展性目标，则需要更强调项目实践、团队合作等策略，以培养学生的创新思维和实际应用能力。教学目标的个体差异性也需要考虑到教学策略的选择中。不同学生在计算机学科方面的兴趣、学科基础、学习风格等存在差异，因此需要灵活运用不同的教学策略以满足不同学生的需求。例如，对于对计算机充满兴趣并具备较强自主学习能力的学生，可以采用自主学习和项目导向的策略；而对于学科基础较薄弱的学生，可能需要更多的师生互动、示范和引导。教学目标的时效性也需要在选择教学策略时加以考虑。计算机领域的知识更新迅速，某些技术和工具可能在短时间内发生变化。因此，教学目标应当与行业发展趋势相结合，注重培养学生的学习能力和适应能力。相应的教学策略可以包括引导学生进行实践性项目、参与实际案例分析等，以便学生能够更好地适应行业的变化。教学目标与策略的关系是相互关联、相互制约的。明确、层次分明、个体差异性和时效性是引导教学目标与策略选择的关键因素。在计算机教学中，通过科学合理地结合这些因素，教师可以更好地指导学生，提高计算机教学的效果。

二、策略实现目标

在计算机教学中，教学目标的实现离不开有效的教学策略。教学策略是指为达到特定教学目标而采取的方法、手段和步骤，是教学活动的组织和实施的具体操作。教学目标和教学策略之间存在着紧密的关系，而教学策略的选择和实施直接影响到教学目标的达成。以下将从不同层面探讨计算机教学策略如何实现教学目标。教学目标明确了学生应该掌握的知识、技能和能力，而教学策略则是在实现这些目标的过程中的具体操作。例如，如果一个教学目标是让学生掌握某一编程语言的语法和逻辑，相应的教学策略可以包括讲解、演示、编程实践等。通过讲解，教师可以系统地介绍语言的基本概念；通过演示，学生能够直观地了解语法规则；而通过编程实践，学生则能够运用所学知识进行实际操作。因此，教学策略的选择需要根据教学目标的具体要求，确保学生在教学过程中能够有效地获得所需的知识和技能。教学目标的层次性影响了教学策略的选择和实施。计算机教学通常包括基础性目标和拓展性目标。基础性目标主要涉及计算机科学的基本概念、技术和应用，而拓展性目标则更注重学生的创新和实践能力。对于基础性目标，常见的教学策略包括讲授、实验演示等，以帮助学生建立起坚实的基础知识。而对于拓展性目标，教学策略更强调项目实践、团队合作等方式，以培养学生的创新思维和综合运用能力。因此，在设计教学策略时，教师需要根据不同层次的教学目标调整方法，使之更加贴合学生的需求。教学目标的个体差异性也需要在教学策略的选择中得到充分考虑。学生在计算机学科方面的兴趣、学科基础、学习风格等存在差异，因此需要灵活运用不同的教学策略以满足不同学生的需求。针对对计算机充满兴趣且具备较强自主学习能力的学生，可以采用自主学习和项目导向的策略，激发其学习兴趣和主动性；而对于学科基础较薄弱的学生，可能需要更多的师生互动、示范和引导，以帮助其建立坚实的基础。教学目标的时效性也是影响教学策略选择的一个重要因素。在计算机领域，技术更新迅速，相关知识不断演进。因此，教学目标应当与行业发展趋势相结合，教学策略需要及时调整以适应行业的变化。例如，可以通过引导学生进行实践性项目、参与实际案例分析等方式，使学生更好地适应行业的变化，并培养其不断学习和更新知识的能力。计算机教学策略的选择和实施

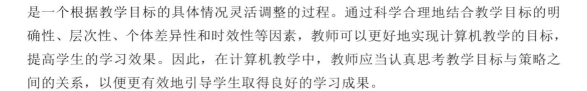

是一个根据教学目标的具体情况灵活调整的过程。通过科学合理地结合教学目标的明确性、层次性、个体差异性和时效性等因素，教师可以更好地实现计算机教学的目标，提高学生的学习效果。因此，在计算机教学中，教师应当认真思考教学目标与策略之间的关系，以便更有效地引导学生取得良好的学习成果。

三、灵活应变目标调整策略

在计算机教学中，灵活应变目标并调整教学策略是确保教学活动有效性的关键。教学目标在计算机领域可能受到技术更新、学科发展和学生个体差异等多方面的影响，因此，教师需要具备灵活性和适应性，随时对教学目标进行调整，并相应地改变教学策略，以更好地满足学生的需求。随着计算机技术的不断发展，教学目标需要时刻与行业趋势保持一致。如果某一项技术在业界取得了突破性的进展，教学目标应当及时调整，确保学生能够紧跟行业的步伐。这时，教学策略可以通过引入最新的案例、实例，或者增加相关的实践项目，以使学生能够了解和应用最新的技术。灵活性的体现在教师对于行业变化的敏感性，以及能够及时对教学计划进行调整，确保学生获得最具实际应用价值的知识和技能。个体差异在计算机教学中尤为显著，因为学生在计算机领域的兴趣、学科基础和学习能力差异较大。因此，教学目标的灵活应变需要根据学生的个体差异进行调整。有些学生可能对特定主题或领域更感兴趣，而有些学生可能在某些方面有更深厚的基础。教学策略的调整可以通过提供个性化的学习材料、设置不同难度层次的任务，或者采用多样化的评估方式，以满足不同学生的需求。灵活应变的教学策略能够更好地激发学生的学习兴趣，提高他们的学习动力。教学目标的灵活调整也需要考虑到学科知识体系的层次性。计算机科学涉及广泛，有基础性的概念和技术，也有拓展性的创新和应用。在教学目标的设定上，需要平衡基础性和拓展性的要求。当学生在基础知识上表现较好时，教学目标可以适度拓展，培养其创新和实践能力。相应的教学策略可以通过项目实践、团队协作等方式实现。而当学生在某些基础知识上较为薄弱时，可以通过强化基础知识的讲解、示范等手段进行帮助。这种层次性的调整能够更好地满足学生在不同学科水平上的需求。教学目标的灵活调整还需要结合教学评估的反馈信息。通过定期对学生的学习情况进行评估，教师可以了解到学生在何处遇到困难、哪些方面需要额外支持。根据这些反馈信息，教师可以灵活地调整教学目标和策略，提供更有针对性的帮助。例如，可以通过个别辅导、针对性的练习等方式，有针对性地帮助学生弥补知识漏洞，确保教学目标的全面达成。计算机教学中的灵活应变目标调整策略是一项综合性的工作，需要教师在教学过程中不断关注行业发展、学生个体差异、知识体系的层次性和教学评估的反馈信息。通过灵活应变，教师能够更好地调整教学目标和策略，提高教学的实效性，使学生更好地适应计算机领域的发展。这种灵活应变的教学方式不仅有助于培养学生的综合能力，也使教育更具有针对性和个性化。

四、多元化策略服务多元目标

在计算机教学中，实现多元化的教学目标往往需要采用多元化的教学策略，以满足学生的不同需求和学科发展的多样性。多元化的教学目标涉及知识、技能、创新能力等多个方面，因此，教育者需要设计并灵活运用各种教学策略，以确保教学的全面性和有效性。多元化的教学目标可能包括基础知识的掌握、实际应用能力的培养以及创新思维的发展等多个方面。为了满足这些不同层次的目标，教学策略需要具备相应的多样性。对于基础知识的传授，可以采用讲授、演示等传统方式，以确保学生建立起坚实的基础；而对于实际应用能力的培养，可以通过项目实践、实习等方式，使学生能够将所学知识应用于实际项目中；此外，通过案例分析、团队协作等策略，可以培养学生的创新思维和解决实际问题的能力。多元化的教学目标要求教学策略具备灵活性，根据不同目标的特点有针对性地设计。多元化的学生群体也需要多元化的教学策略。计算机领域的学生可能具有不同的学科背景、兴趣爱好和学习风格。因此，同一类教学目标可能需要不同的教学策略来满足不同学生的需求。对于对计算机充满兴趣且具备较强自主学习能力的学生，可以采用更加自主学习和项目导向的策略，激发其学习兴趣和主动性；而对于学科基础相对薄弱的学生，可能需要更多的师生互动、示范和引导，以帮助其建立基础。通过多元化的教学策略，可以更好地满足不同学生的学习需求，提高整体教学效果。多元化的教学目标还需要与不同层次的评估相匹配。在设计多元目标的教学策略时，需要考虑如何通过多样化的评估方式来全面评价学生的学习情况。传统的考试和测验可以用于测试基础知识的掌握程度，而项目报告、实际操作等形式可以更好地评估学生的实际应用能力。此外，通过开展小组讨论、展示演讲等活动，可以评估学生的团队合作和沟通能力。通过多元化的评估方式，能够更全面、客观地了解学生在各个方面的表现，有助于更有针对性地调整教学目标和策略。多元化的教学目标还需要与行业发展趋势相结合。计算机领域的知识和技术更新速度快，行业发展迅猛。为了使学生更好地适应行业的变化，教学目标需要与最新的行业趋势相匹配。相应的教学策略可以包括引导学生参与实际项目、进行行业实习、邀请业界专业人士进行讲座等。通过将教学目标与行业发展趋势相结合，可以使学生更好地了解实际行业需求，提高其职业素养和适应能力。实现多元化的教学目标需要采用多元化的教学策略，以满足学生的多样性需求和应对复杂多变的学科发展。通过教学目标和策略的多元化匹配，能够更全面地培养学生的综合素质，提高其在计算机领域的综合能力和竞争力。这种多元化的教学方式不仅符合计算机教育的发展趋势，也为学生的个性化学习提供了更丰富的机会。

五、目标与策略相互促进

计算机教学中，教学目标与教学策略之间存在着一种相互促进的密切关系，二者相辅相成，相互影响，共同构建起高效而有针对性的教育体系。教学目标作为教育活动的方向和目的，为教学提供了明确的指引和期望。而教学策略则是为实现这些目标而采取的具体手段和方法，是目标的具体实施路径。以下从多个维度来探讨教学目标与策略的相互促进关系。明确的教学目标为教学策略的选择提供了方向。在计算机教学中，教学目标应该清晰明确，具体反映学生需要掌握的知识、技能和能力。这种明确性为教学策略的选择提供了明确的导向。如果教学目标是让学生掌握特定编程语言的基本语法和逻辑，那么相应的教学策略可以包括讲解、演示、实践编程等。这样的明确目标可以指导教师选择适当的教学方法，使学生在教学过程中更有针对性地获得所需的知识和技能。教学目标的层次性和策略的多样性相互促进。计算机教学中，教学目标通常包括基础性目标和拓展性目标。基础性目标涉及基本的技能和知识，而拓展性目标更注重学生的创新和综合运用能力。这种层次性的目标需要多样性的教学策略来支持。基础性目标的实现可能需要采用系统性的教学方法，如讲授、演示等；而拓展性目标可能需要更强调项目实践、团队合作等策略，以培养学生的创新思维和实际应用能力。因此，目标的层次性引导了教学策略的多样性，使教学更具有全面性和灵活性。教学目标的个体差异性和策略的差异化教学相互交融。学生在计算机学科方面的兴趣、学科基础、学习风格等存在差异，因此，教学策略需要差异化，以满足不同学生的需求。针对对计算机充满兴趣且具备较强自主学习能力的学生，可以采用自主学习和项目导向的策略，激发其学习兴趣和主动性；而对于学科基础相对薄弱的学生，可能需要更多的师生互动、示范和引导。教学目标的个体差异性需要教学策略的差异化支持，从而更好地照顾到每个学生的特点。教学目标的时效性和策略的更新迭代相辅相成。计算机领域的知识更新迅速，技术不断演进。因此，教学目标应当与行业发展趋势相结合，随时更新。相应的教学策略需要紧跟时代，采用先进的技术工具、引入最新的案例、开展实际项目等，以确保学生获得最新的实用技能。教学目标的时效性促使教学策略的不断更新，使得教学过程更加贴近实际需求。教学目标的评估与教学策略的调整相互呼应。通过对学生学习情况的定期评估，教师能够了解到学生在哪些方面取得了进步，哪些方面存在困难。这些评估结果为教学目标的进一步调整提供了依据。同时，根据评估结果，教学策略也需要进行相应的调整，以更好地满足学生的需求。通过这种相互呼应的机制，教学目标与策略能够在实践中不断迭代和优化，提高教学的效果。计算机教学中教学目标与策略之间形成了一种相互促进的关系。明确的目标指引了策略的选择，层次性的目标引导了策略的多样性，个体差异性的目标需要策略的差异化支持，时效性的目标促使了策略的更新迭代，而目标的评估与策略的调整相互呼应。这种相互促进的关系有助于建立起更加有机、有效的计算机教育体系，提高学生在计算机领域的综合素养。

六、目标反馈优化策略

在计算机教学中，教学目标的反馈与教学策略的优化形成一种相互促进的紧密关系，为提高教学效果和学生综合素养起到关键作用。教学目标反馈是指通过对学生学习情况的定期评估，了解他们在达成目标过程中的实际表现，而教学策略的优化则是根据这些反馈信息，对原有的教学手段和方法进行调整和改进，以更好地促使学生的学习。以下从多个角度阐述目标反馈如何优化教学策略。教学目标反馈为教学策略的优化提供了直观的依据。通过定期对学生学习情况进行评估，教师可以了解到学生在哪些方面取得了进步，哪些方面存在困难。这些信息直接反映了教学目标在学生实际学习过程中的落实情况，为教学策略的优化提供了直观的依据。例如，如果学生在某一知识点普遍存在困难，教师可以通过针对性的讲解、提供额外的练习等方式，优化教学策略，帮助学生更好地理解和掌握这一知识点。因此，教学目标反馈为教学策略的精准调整提供了重要的信息支持。目标反馈促进了教学策略的个性化和差异化。由于学生在计算机学科中的兴趣、学科基础和学习能力差异较大，教学目标的反馈能够帮助教师更加全面地了解每个学生的学习状况，从而调整和优化相应的教学策略。对于对计算机充满兴趣且学科基础较好的学生，可以采用更加挑战性和深入的教学内容，激发其学习兴趣；而对于学科基础相对薄弱的学生，可以采用更加渐进、示范性的教学方法，帮助其建立坚实的基础。这种个性化和差异化的教学策略有助于提高每个学生的学习效果，使教学更具有针对性。目标反馈为教学策略的及时调整提供了便利。在计算机领域，知识更新迅速，技术不断演进，因此及时了解学生对新知识的掌握情况对于教学的调整至关重要。通过及时的目标反馈，教师可以快速了解学生在新知识点上的理解程度，进而优化教学策略，确保学生能够跟上知识更新的步伐。例如，如果学生在某一新技术上普遍存在困难，教师可以迅速调整教学计划，通过更生动的案例、更直观的实践操作等方式，帮助学生更好地理解和掌握新知识。这种及时的调整能够更好地适应计算机领域知识的迭代更新。目标反馈还为教学策略的全面评估提供了依据。通过对学生学习情况的全面评估，教师不仅可以了解学生在知识上的掌握情况，还能够评估学生在实际应用、创新能力等方面的表现。这种全面的评估有助于教师更加全面地了解教学目标是否全面达成，哪些方面可能需要进一步加强。通过这种全面评估，教师可以有针对性地进行教学策略的优化，提高教学的全面性和实效性。目标反馈与教学策略的优化共同推动了教育创新。在计算机领域，教育创新尤为关键，因为行业发展迅速，新知识层出不穷。通过教学目标的反馈，教师能够及时发现学生在新知识、新技术上的需求和挑战，从而优化教学策略，使之更加贴合学生的实际需求。教学策略的不断优化反过来也促进了更灵活、更创新的教育方式的探索。这种相互推动的关系使得教育能够更好地适应时代发展的需求，培养出更具创新精神的计算机专业人才。计算机教学中，教学目标与策略之间的关系是一种相互促进的紧密联系。目标反馈为教学策略提供了直观的依据，促进了教学策略的个性化和差异化，提供了及时调整的便利，为教学的全面评估提供了依据，共同推动了教育创新。这种相互促进的关系有助于构建更为有效和适应性的计算机教育体系，为培养高素质计算机专业人才提供有力支持。

第二节　教学策略的灵活性与可调整性

一、教学策略的灵活性

（一）灵活制定教学策略，选择符合实际情况的教学策略

教学策略的灵活性是教育领域中至关重要的特征之一，涵盖了教学目标、内容、学生差异及物质条件等多个方面。在选择和制定教学策略时，灵活性体现在教育者需要全面考虑多个因素，以确保选用的策略能够最有效地适应实际情境。教学目标的制定是教学策略选择的起点。不同的目标要求采用不同的教学方法，因此，教育者需要在确立教学目标时考虑目标的具体性、难易程度、学科特点等因素。例如，如果教学目标是培养学生的实际应用能力，那么可能需要选择强调实践和项目导向的教学策略，让学生通过实际操作来巩固所学知识。而对于理论性较强的知识点，可能更适合采用讲授和讨论等策略。因此，在目标的选择和制定阶段，灵活性要求教育者根据具体情况调整目标，以保证教学目标的合理性和可行性。教学内容的复杂性和多样性也是教学策略灵活性的考量因素。不同的教学内容可能需要不同的教学策略来呈现和讲解。

对于抽象概念较多的学科，如计算机科学中的算法设计，可能需要更多的示范、图解和实例分析来帮助学生理解。而对于实践性较强的学科，如计算机编程，可能需要更注重学生的实际动手操作和项目实践。因此，在选择和制定教学策略时，教育者需要对教学内容进行深入分析，灵活运用不同的教学手段，以提高学生的学习效果。学生的先前知识水平和学习风格是决定教学策略的重要因素。在教学过程中，灵活性要求教育者根据学生的差异性和个体需求，调整和优化教学方法。对于对计算机科学充满兴趣、并具备较强自主学习能力的学生，可能更适合采用开放性和探究性的教学方式，激发其学习主动性；而对于学科基础相对薄弱的学生，则可能需要更多的师生互动、示范和引导，以帮助其建立基础。因此，教学策略的灵活性要求教育者了解学生的个体差异，有针对性地调整教学手段，使之更贴合学生的实际需求。物质条件的可用性是影响教学策略选择的重要因素。不同的物质条件可能对教学方法和手段提出不同的要求。在教育现代化和技术普及的趋势下，教学中广泛运用数字化工具和在线资源。教育者需要根据教学场所的设施、学生设备的可用性及网络条件等因素，选择适宜的教学策略。例如，如果教学场所配备了先进的计算机实验室，可以更加充分地利用实验和模拟等方式进行教学；而在网络条件较好的情况下，可以引入在线互动、虚拟实验等教学手段，提升教学的多样性和趣味性。因此，物质条件的考虑也是教学策略灵活性的一部分。教学策略的灵活性主要体现在选择和制定教学策略时，需要依据不同的教学目标、教学内容、学生的先前知识和已有的物质条件，选择符合实际情况的教学策略。这种灵活性要求教育者具备全面的综合素质，能够根据实际需求灵活运用不同的教学手段，以提高教学的针对性和实效性，促使学生更好地理解和掌握所学知识。通过这样的灵活性，教育者能够更好地应对多样化的学习需求，推动教育方法的创新和发展。

（二）教学策略随境变化，灵活调整适应

教学策略的灵活性在教学过程中的运用体现了一种对教学情境和学生需求的主动适应和变通能力。在教育现场，教学者往往面临着多变的学习环境和学生群体，因此，教学策略的灵活性成为取得最佳教学效果的关键。这一特征要求教育者在教学过程中随时调整和改变教学策略，以确保教学贴近实际，能够最大程度地促进学生的学习。教学策略的灵活性在教学过程中的体现，要求教育者对教学情境的变化有敏锐的观察和判断能力。教室内的学习氛围、学生的学习状态、课堂氛围等都是动态的，可能受到各种因素的影响而发生变化。灵活性的教学策略要求教育者能够及时察觉这些变化，并根据实际情况做出相应的调整。例如，在一堂课中，如果发现学生对某一概念的理解较为困难，教育者可以迅速调整教学方法，通过更具体的例子或互动讨论来加深学

生的理解。这种灵活性使得教学更具针对性，更有针对性地满足学生的学习需求。教学策略的灵活性要求教育者在面对不同的教学对象时能够灵活调整策略。学生个体差异是不可避免的，他们在学科兴趣、学科基础、学习风格等方面存在差异。因此，一成不变的教学策略难以适应这种多样性。灵活性的教学策略要求教育者能够根据学生的个体差异，采用不同的教学方法。例如，对于对计算机科学充满兴趣并具备较强自主学习能力的学生，可以采用更加开放的学习方式，激发其学习主动性；而对于学科基础相对薄弱的学生，则可能需要更多的师生互动和示范。通过个性化的教学策略，教育者能够更好地激发学生的学习兴趣，提高学习动力，使教学更加贴近学生的实际需求。教学策略的灵活性还需要结合教学过程中的实时反馈。学生的学习反馈是指学生在学习过程中对教学内容和方法的实时反应。通过观察学生的表现、听取他们的意见和建议，教育者可以获取有关教学效果的即时信息。灵活性的教学策略要求教育者根据这些反馈信息及时调整教学方法。例如，如果学生普遍对某一教学内容感到无趣或难以理解，教育者可以通过引入更生动的案例、更直观的实践操作等方式，调整教学策略，使之更贴合学生的实际需求。教学策略的灵活性体现在对教育科技的灵活应用上。随着科技的不断发展，各种教育科技工具如在线教学平台、多媒体教学工具等已经成为教学中的重要辅助手段。灵活性的教学策略要求教育者能够灵活运用这些工具，以提高教学的多样性和趣味性。例如，可以通过在线平台进行互动式学习、利用多媒体资源进行生动的教学演示，使学生更加主动参与学习，提高教学效果。教学策略的灵活性在教学过程中的运用体现为对教学情境和学生需求的主动适应和变通能力。这一特征使得教育者能够更加灵活地调整和改变教学策略，以适应多样化的学习环境和学生群体。通过这种灵活性，教育者能够更好地应对不同情况下的教学挑战，提升教学的实效性和适应性，为学生成长发挥积极作用。

二、教学策略的可调整性

（一）实时反馈与调整

　　教学策略的可调整性在教育领域中扮演着至关重要的角色，其中实时反馈与调整是其关键组成部分。教育者在教学过程中通过对学生的实时反馈进行敏感感知，能够及时调整教学策略，以更好地适应不断变化的教学情境和满足学生个体化的学习需求。这种实时反馈与调整的机制，不仅有助于提高教学的实效性，更为教育者提供了宝贵的信息，帮助其更全面地理解学生的学习状态，从而精细化地指导教学活动。实时反馈作为可调整性的基石，强调了对学生学习过程的及时观察和洞察。通过在课堂上观察学生的表现、注意学生的互动、收集书面作业和测验的成绩等手段，教育者能够迅速获取学生在课程中的学习状态。这些反馈信息涵盖了学生的理解程度、兴趣点、困惑之处等多个方面，为教育者提供了有关学生认知和情感层面的宝贵线索。基于实时反馈，教育者能够在教学过程中调整教学方法和策略，以更好地满足学生的学习需求。例如，如果发现学生对某一概念理解较为困难，可以通过增加案例分析、提供更生动的例子或引导互动讨论等方式，帮助学生深入理解。相反，如果学生表现出对某个知识点的熟悉度较高，教育者可以调整节奏，提供更深层次的拓展内容，以激发学生的进一步思考。实时反馈与调整的机制有助于个性化教学的实践。学生在学科兴趣、学科基础、学习风格等方面存在差异，因此，一刀切的教学策略难以满足所有学生的需求。通过实时获取学生的反馈信息，教育者可以更全面地了解学生的个体差异，从而有针对性地调整教学策略。实时反馈也有助于建立更紧密的师生关系。学生在学习过程中面临问题或困惑时，能够得到及时的指导和支持，有助于增强他们的学习信心。同时，通过教育者积极回应学生的反馈，建立起积极的沟通氛围，使学生更愿意表达自己的看法和需求，从而形成良好的教学互动。实时反馈与调整的机制不仅限于传统的面对面教学场景，也可在在线教学中得到应用。在线教学平台提供了多种形式的学生反馈渠道，例如在线测验、讨论论坛、即时聊天等。这些工具为教育者提供了在虚拟环境中获取学生反馈的机会，同样可通过及时的调整来满足学生的学习需求。要实现有效的实时反馈与调整，教育者需要具备敏锐的观察力和良好的沟通技巧。观察力使其能够抓住学生细微的表现和情绪变化，而良好的沟通技巧则使其能够与学生建立起开放、互动的沟通渠道。同时，教育者还需具备一定的心理学知识，能够理解学生的心理状态，从而更好地进行教学策略的调整。教学策略的可调整性通过实时反馈与调整的机制为教育者提供了强大的工具，使其能够更灵活地适应不同的教学情境和学生需求。这种机制既强调了教学过程的动态性，又提供了个性化教学的可能性，有助于推动教育体系更好地适应时代变迁和学生多样化的学习需求。

（二）教学目标与实际情境匹配

教学策略的可调整性体现在教育者能够灵活、有效地将教学目标与实际情境相匹配，以确保教学活动更加贴合学生需求、更具实效性。这种匹配过程不仅要求对教学目标的明确定义，还需要对教学环境、学生特点和资源条件等进行全面的分析和评估。教学策略的可调整性要求教育者在制定教学目标时具有清晰的认知和确切的定位。明确定义的教学目标是教学成功的关键，因为它们为教学活动提供了方向和目标。然而，教育者在设定这些目标时，必须考虑到学科性质、学生水平、学科发展趋势等多个因素。例如，在计算机科学领域，如果教学目标是培养学生的编程能力，那么教育者需要确保目标具体、明确，能够衡量学生在编程方面的实际能力，以便在后续的教学中调整教学策略以更好地达到这一目标。实际情境的多样性和变化性需要教育者具备灵活的教学策略。教育者在教学目标与实际情境匹配时，必须全面考虑教学环境、学生差异和资源条件等多方面因素。不同的学科、年级和学生群体可能面临不同的情境，因此，教育者需要根据具体情况调整教学目标和相应的教学策略。例如，在高中数学教学中，如果学生的数学基础差异较大，教育者可能需要通过差异化教学来满足学生个体差异，这就需要调整教学目标和相应的评价方式。教育者在匹配教学目标与实际情境时，还需要充分考虑教育技术的运用。随着科技的不断发展，教育技术如智能教学软件、在线资源等已经成为教学中的重要辅助手段。可调整性的教学策略要求教育者能够灵活运用这些技术工具，以更好地匹配教学目标和实际情境。例如，可以通过在线互动、虚拟实验等方式来增强学生的实践操作能力，使教学更贴近实际情境。实际情境的动态性要求教育者能够及时获取反馈信息，并根据反馈信息灵活调整教学目标和策略。教育者可以通过观察学生的学习表现、收集学生的意见和建议，以及参与专业发展活动等方式获取反馈信息。这些信息有助于教育者更好地了解学生的学习状况和需求，从而调整教学目标和策略，使之更符合实际情境。在实践中，教育者可能会面临各种挑战，例如学生的认知水平不同、教学资源受限等。可调整性的教学策略要求教育者在面对这些挑战时能够灵活应对，不僵化地坚持一成不变的教学目标和策略。如果发现学生普遍对某一概念难以理解，教育者可以通过重新设计教学材料、增加实例分析等方式来调整教学目标和策略，以更好地满足学生的需求。教学策略的可调整性在教学目标与实际情境匹配方面具有重要作用。通过明确定义教学目标、灵活运用教育技术、及时获取反馈信息等方式，教育者能够更好地适应不同的教学情境，更有效地实现教学目标。这种可调整性的教学策略有助于提高教育质量，促使学生更好地掌握知识和技能，培养具备实际应用能力的综合素质人才。

（三）考虑学生差异

教学策略的可调整性在考虑学生差异方面显得尤为重要。学生在认知水平、学科兴趣、学习风格等方面存在多样差异，因此，教育者需要具备敏锐的观察力和灵活的调整手段，以个性化和差异化的教学策略，更好地满足学生的学习需求，推动教学取得更好的效果。考虑学生差异要求教育者具备深刻的学生了解能力。这包括对学生的认知水平、兴趣爱好、学科优势和劣势等方面的综合洞察。通过课前调查、观察学生在课堂上的表现及与学生的互动，教育者能够更全面地了解学生的差异性，为后续的教学调整提供有力支持。例如，在一堂计算机科学课中，教育者可能发现一部分学生对编程感兴趣，而另一部分学生更倾向于理论研究。这种差异性需要教育者在教学中采取不同的策略，以满足不同学生的学科需求。调整性的教学策略要求教育者能够巧妙运用差异化教学。差异化教学是一种根据学生的不同需求和能力，提供个性化学习体验的教学方式。通过灵活运用教学资源、调整任务难度、提供个性化的辅导等方式，教育者能够更好地满足学生的差异学习需求。例如，在语文教学中，如果发现一些学生对文学阅读更感兴趣，而另一些学生对写作更有天赋，教育者可以设计差异化任务，让学生在自己擅长的领域中得到更充分的发展。可调整性还表现在对学生学习风格的灵活应用上。学生有不同的学习风格，有的更喜欢视觉化的学习方式，有的更擅长听觉学习，而有的则更容易通过实践掌握知识。教育者应当根据学生的学习风格调整教学手段，使之更符合学生的个体差异。例如，对于偏好视觉学习的学生，可以通过图表、图像等形式呈现知识；对于偏好听觉学习的学生，则可以采用讲解、讨论等方式进行教学。考虑学生差异还需要教育者关注学生的情感和社交需求。每个学生都有自己的情感状态和社交特点，有的可能更内向，有的可能更外向。教育者在教学中应当灵活运用小组合作、课堂互动等方式，使学生更好地融入学习氛围，建立积极向上的情感体验。例如，在一堂艺术课中，教育者可以设计小组合作项目，让学生发挥各自的特长，促进学生之间的互动和合作。可调整性的教学策略还需要结合不同学科特点进行操作。不同学科在教学内容、学科性质等方面存在显著差异，因此，教育者在考虑学生差异时需要充分了解所教学科的特点，并采用不同的教学策略。在 STEM 领域，可能更注重实践和实验，鼓励学生动手动脑；而在人文学科中，可能更注重思辨和文学鉴赏，需要提供更多的阅读和讨论机会。考虑学生差异的可调整性体现在不断反思和改进的过程中。教育者需要定期对教学实践进行反思，总结不同学生的反馈和表现，以及自身教学过程中的得失。通过这种反思，教育者能够更清晰地认识到学生差异带来的挑战，并在未来的教学中不断优化教学策略，提升适应性和灵活性。教学策略的可调整性在考虑学生差异方面具有重要作用。通过深刻理解学生的个体差异、巧妙运用差异化教学、关注学生的学习风格和情感需求，以及结合学科特点等手段，教育者能够更好地满足学生的多样化学习需求，推动教学取得更好的效果，培养更全面发展

第八章

计算机教学策略的创新研究

第一节　课堂互动策略

一、利用实时在线问答平台

实时在线问答平台在计算机教学中作为课堂互动策略的应用，具有极大的潜力和重要性。这种策略不仅可以提高学生的参与度和积极性，还有助于促进学生思维的深度和广度，推动教学过程朝着更为灵活和个性化的方向发展。智慧课堂 App（见图 8-1）为学生提供了一个随时随地、匿名提问的渠道，打破了传统教学中学生害怕提问的心理障碍。学生通过群课堂（见图 8-2），可以实时向教师提出问题，而教师也能够在实时回答中解决学生的疑惑。这种匿名性的设计使得学生更愿意分享问题，尤其是那些可能觉得问题比较基础或害怕被同学笑话的学生。因此，实时在线问答平台能够极大地提高学生的参与度和积极性，促使他们更主动地投入到课堂学习中。通过实时在线问答平台，学生不仅可以提问，还能参与到其他同学的问题讨论中。这种互动方式鼓励学生在虚拟空间中展开深度思考，分享不同的见解和观点。教师可以通过实时在线问答平台推动学生进行跨学科的思考，促使他们从不同角度思考问题，形成更为全面的认知结构。此外，教师还可以设定一些开放性问题，鼓励学生深入思考，拓展知识广度，从而培养学生的创造性思维和问题解决能力。实时在线问答平台不仅为学生提供了提问的机会，同时也为教师提供了实时的反馈。教师可以通过查看学生的提问和回答情况，及时了解学生的理解程度和存在的困惑点。基于这些信息，教师能够即时调整教学策略，重点讲解学生较难理解的知识点，或者提供更多的例子和实践操作。这种教学反馈的机制有助于教学内容的实时优化，使教学更加贴近学生的实际需求，提高教学的效果。实时在线问答平台通过鼓励学生主动提问和参与讨论，培养了学生的自主学习意识。学生在实际操作中，通过思考问题、提出疑问，逐渐培养了自主获取知识的能力。此外，通过互动讨论，学生还能够培养批判性思维，学会对问题进行深入分析和评价。这种能力对于计算机领域的学习尤为重要，因为计算机科学常常需要学生具备独立解决问题的能力和对信息进行合理评估的能力。实时在线问答平台的引入（见图8-3），使得教学方法更加多样化。教师可以通过在线问答与学生进行互动，随时随地解答学生的疑问，使得传统面对面的课堂不再是唯一的教学方式。此外，通过在线问答平台（见图8-4），教师还可以引入更多多媒体资源，如图片、视频等，以提供更直观、生动的教学体验。这种多样化的教学方法可以更好地满足学生个体差异，提高教学的灵活性。实时在线问答平台作为计算机教学中的课堂互动策略，通过提高学生的参与度、促进深度思考、提供实时反馈、培养自主学习和多样化教学方法等方面，为教学提供了全新的可能性。这一策略的应用不仅有助于提升学生的学习体验，更有助于教育者更好地适应数字时代的教学环境，培养具备创新能力和批判性思维的计算机专业人才。

图 8-1　智慧课堂 App

图 8-2　群课堂

图 8-3　实时在线问答平台

图 8-4　互动平台

二、虚拟实验室体验

虚拟实验室体验作为计算机教学中的课堂互动策略，对于拓展学生实践经验、提高实验教学效果具有重要意义。虚拟实验室是通过计算机技术模拟真实实验场景的环境，为学生提供了更安全、便捷、灵活的实验体验。在计算机教学中，一些实验可能涉及潜在的危险性或昂贵的实验设备，这使得传统实验难以在课堂中实施。虚拟实验室体验通过模拟实验过程，为学生提供了更加安全的实验环境。学生可以通过计算机进行实验操作，不用面临实验过程中的潜在风险，同时也无须担心实验设备的损坏。这种安全性的提高既有助于学生更好地理解实验原理，又为教学提供了更为便捷的手段。传统实验往往受到实验室设备和场地的限制，导致实验的灵活性较低。而虚拟实验室体验则克服了这些限制，学生可以在任何地点、任何时间通过计算机进行实验。这种灵活性不仅提升了学生的学习体验，也为教师在教学安排上提供了更大的灵活度。此外，虚拟实验室的实验内容可以被多次复用，学生可以反复进行实验，加深对实验原理和流程的理解。虚拟实验室体验通过图形化的界面和模拟的实验场景，为学生提供了更为直观的实验体验。学生可以通过计算机屏幕观察实验过程，观察实验现象，分析实验数据。这种直观性的提高有助于学生更深入地理解实验原理，加深对课程知识点的记忆。同时，虚拟实验室也可以模拟一些在实际实验中难以观察到的现象，使学生在虚拟环境中获得更为全面的实验体验。

传统实验室教学往往受到时间和空间的限制，学生需要在固定的时间到实验室进行实验。而虚拟实验室体验克服了这些限制，学生可以随时随地通过计算机进行实验。这使得实验教学可以更好地与理论教学相结合，实验内容可以根据教学进度随时进行调整，为学生提供更为灵活和个性化的学习体验。虚拟实验室体验有助于强化理论与实践的结合，使学生在实际操作中巩固课堂所学的理论知识。通过模拟实验场景，学生能够将理论知识应用到实际问题的解决中，培养实际动手操作的能力。这种结合有助于学生更好地理解课程内容，提高学科素养，为将来的实际工作和研究打下坚实基础。虚拟实验室体验也为学生提供了合作与交流的机会。学生可以通过在线平台共享实验结果、讨论实验过程，从而促进彼此之间的合作与交流。这种合作与交流不仅有助于拓展学生的视野，还可以培养学生团队协作和沟通的能力，为未来的团队工作做好准备。虚拟实验室体验通过生动、直观的界面和实验场景，激发学生对实验的兴趣。学生在模拟实验中可以更加自由地探索和发现，培养创新思维和实验设计的能力。这种激发兴趣的机制有助于学生更主动地投入到实验中，提高学习的积极性。虚拟实验室体验在计算机教学中作为课堂互动策略的应用，既解决了传统实验室教学中的一系列问题，又为学生提供了更为安全、灵活、直观的实验体验。通过虚拟实验，学生能够更好地巩固理论知识，提高实践操作能力，培养团队协作和创新思维。在未来的计算机教学中，虚拟实验室体验将持续发挥重要作用，为学生提供更为丰富和多元的学习体验。

三、虚拟角色扮演

虚拟角色扮演作为计算机教学中的创新课堂互动策略，为学生提供了一种全新的学习体验，激发了他们的兴趣和主动参与的欲望。这种策略通过模拟真实场景，使学生在虚拟环境中扮演特定角色，进行实践性的学习活动。虚拟角色扮演为学生提供了一个模拟实际工作场景的机会。通过在虚拟环境中扮演特定角色，学生可以更好地理解和应用计算机领域的知识。例如，在网络安全课程中，学生可以扮演攻击者或防御者的角色，通过模拟网络攻防活动，提高他们的实际操作技能和应对安全威胁的能力。虚拟角色扮演通常需要学生在团队中合作，共同完成特定任务。这种合作能够培养学生的团队协作和沟通能力，使他们学会在虚拟团队中有效地协同工作。这对于计算机领域的工作来说至关重要，因为在实际工作中，团队协作和沟通是取得项目成功的关键要素。通过虚拟角色扮演，学生被鼓励在虚拟环境中解决问题、制定策略。这激发了学生的创新思维，使他们能够面对不同情境时提出独特和创造性的解决方案。这种创新思维的培养有助于学生更好地适应未来工作中可能遇到的复杂问题和挑战。虚拟角色扮演将理论知识与实践相结合，使学生在扮演特定角色的过程中能够更深入地理解课程内容。这种实践性的学习方法有助于巩固抽象概念，使学生能够将课堂学到的知识应用到具体场景中，提高他们对计算机科学原理的理解深度。

在虚拟角色扮演中，学生需要面对各种情境和问题，并通过合适的计算机技术和方法来解决。这种实践性的学习过程提高了学生的问题解决能力，使他们能够迅速、灵活地应对各种挑战。这对于计算机专业学生而言是非常重要的一种能力。虚拟角色扮演强调学生在虚拟环境中的主动参与。学生需要自主学习和探索，寻找解决问题的方法。这培养了学生独立思考和主动学习的能力，使他们在未来职业生涯中能够持续不断地自我更新和适应新的技术和挑战。在虚拟角色扮演中，教师可以观察学生在虚拟环境中的表现，及时提供反馈。这种实时反馈有助于教师了解学生的学习进度和困难点，从而及时调整教学策略，使教学更具针对性和有效性。通过虚拟角色扮演，学生能够在虚拟环境中体验到与日常生活不同的身份和情境，增加了学习的趣味性。这种趣味性激发了学生的学习兴趣，提高了他们的学习动力，使计算机教学更具吸引力。虚拟角色扮演作为计算机教学的创新互动策略，为学生提供了一种全新的、实践性强的学习方式。通过模拟实际场景，培养团队协作、激发创新思维、提高问题解决能力等方面，虚拟角色扮演为计算机专业学生的综合素质培养起到了积极的作用。在今后的计算机教学中，应继续探索和推广这种创新策略，以更好地适应数字时代学生的学习需求。

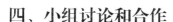

四、小组讨论和合作

小组讨论和合作作为计算机教学中的创新课堂互动策略，强调学生之间的合作学习，通过组成小组，让学生在团队中共同探讨问题、分享观点、解决难题。这种策略不仅能够促进学生的深度学习，还培养了团队协作、沟通和问题解决的能力。小组讨论和合作能够促使学生深入思考和探讨问题，从而加深对知识点的理解。通过分享不同的观点和经验，学生能够获得更多的信息，拓宽对计算机科学领域的认识。这种深度学习的过程不仅有助于学生掌握课程内容，还培养了他们批判性思维和解决问题的能力。小组讨论和合作强调学生之间的协作，要求他们共同合作完成任务。在计算机科学领域，团队协作和沟通是非常重要的技能。通过小组讨论，学生能够学会有效沟通、协调合作、解决冲突，这对于将来在团队项目中的表现至关重要。小组讨论和合作创造了一种积极的学习氛围。学生通过共同参与讨论，分享自己的观点，增强了对学科的兴趣。这种积极的学习氛围有助于提高学生的学习动力和参与度，使课堂更加生动有趣。小组讨论和合作为学生提供了个性化学习的机会。不同的学生在小组中可以发挥自己的优势，共同完成任务。一些擅长编程的学生可以帮助其他成员解决编程难题，而其他成员则可能在设计和分析方面有更多经验。这种互补性的合作有助于提高整个小组的综合能力。在小组讨论和合作中，学生需要分析问题、提出解决方案，并对不同意见进行辩论。这种过程培养了学生的批判性思维和问题解决能力。学生在团队合作中学会从多个角度看待问题，为最终的解决方案做出更明智的选择。

教师可以通过观察小组讨论和合作的过程，了解学生的学习进度和困难点。这为教师提供了实时反馈的机会，使其能够根据学生的表现及时调整教学策略，更好地满足学生的需求，提高教学效果。小组讨论和合作培养了学生的自主学习能力。学生在小组中需要自己负责分配任务、制订计划，并在小组内部解决问题。这种自主学习的经验对于学生未来在工作中需要自主解决问题的情境非常有帮助。同时，小组合作也培养了学生的团队意识，使他们懂得如何有效地在团队中协作，形成团队共识。小组讨论和合作有助于学生将计算机科学知识与其他学科知识相结合。在解决实际问题的过程中，可能需要运用到数学、逻辑思维等多学科知识。这有助于培养学生的跨学科学习能力，提高他们解决复杂问题的综合素质。小组讨论和合作可以与其他教学方法结合使用，使教学更加多元化。教师可以通过小组合作引入案例分析、项目实践等教学活动，从而更好地满足不同学生的学习需求。这种多元化的教学方法有助于提高教学的灵活性和适应性。小组讨论和合作作为计算机教学中的课堂互动策略，不仅能够促进深度学习、培养团队协作和沟通能力，还有助于培养学生的自主学习能力和问题解决能力。通过实践性的合作学习，学生更容易将所学知识应用到实际问题中，为他们未来的职业发展打下坚实基础。在计算机教学中，推动小组讨论和合作的应用，将为培养更具综合素质的计算机专业人才提供重要支持。

第二节　个性化教学策略

一、促进自主学习和探索

个性化教学策略在计算机教学中的关键目标之一是促进学生的自主学习和探索，激发其学科兴趣和创造性思维。在计算机科学领域，学生的学习需求和兴趣差异较大，因此采用个性化教学策略能够更好地满足不同学生的需求。个性化教学鼓励教师与学生一同制订个性化学习计划。通过深入了解学生的学科兴趣、学习风格和目标，可以为每个学生制订适合其需求的学习计划。这使得学生能够更自主地选择学习路径，更有针对性地深入研究感兴趣的计算机科学领域。个性化教学提供了丰富多样的学习资源，包括在线教材、实验室项目、编程挑战等。学生可以根据自己的学习风格和偏好选择适合自己的资源，从而更好地满足个体差异。这种多样性促使学生在自主选择中找到更符合自己兴趣的学科内容。通过个性化教学，学生有机会参与项目驱动的学习，通过实际项目来应用所学知识。这种实践性的学习方式不仅能够激发学生的学科兴趣，还能培养其实际问题解决的能力。学生在项目中的主导地位促使他们更自主地探索解决方案。个性化教学鼓励学生在计算机科学领域选择自主选题并进行深入研究。这种自主选择的过程让学生能够更加专注于感兴趣的主题，从而更有动力深入学习和探索。通过自主选题和研究，学生不仅提升了专业知识，还培养了独立解决复杂问题的能力。

个性化教学鼓励学生积极参与开源项目。通过参与这些项目，学生可以在真实的工作环境中应用所学技能，并与业界专业人士互动。这样的参与不仅提升了学生的自主学习能力，还促进了与实际应用相关的深度探索。组织编程竞赛和挑战是个性化教学的一部分，可以激发学生的竞争意识和求知欲。这些挑战任务旨在提供一个平台，让学生可以通过自主解决问题来展示他们的技能。参与编程竞赛和挑战培养了学生在自主学习和实践中的领导才能。个性化教学通过实时反馈帮助学生更好地了解自己的学习进度和表现。教师的反馈不仅促使学生及时调整学习策略，还鼓励他们更主动地参与探索。实时反馈是促进学生自主学习的关键工具之一。个性化教学注重培养学生的自主学习技能，使其能够更有效地管理学习时间、设定学习目标，并解决学习中的问题。这些技能不仅在计算机科学领域有用，还为学生未来的职业生涯奠定了良好的基础。通过个性化教学，学生有机会将计算机科学与其他学科融合，培养跨学科学习能力。实际应用的项目使学生能够更全面地理解计算机科学在不同领域的应用，从而更好地将理论知识与实际问题相结合。个性化教学通过项目设计和实践活动激发学生的创新思维。通过自主探索和解决问题，学生培养了创新思维和解决实际问题的能力，这是计算机领域非常重要的素养。个性化教学策略在计算机教学中促进了学生的自主学习和探索。通过灵活运用个性化学习计划、多样化学习资源、实际项目的参与等方式，学生更有机会深入学习并发掘他们个体兴趣的计算机科学领域。

二、提供多样化的学习资源

个性化教学策略在计算机教学中的重要方面之一是提供多样化的学习资源，以满足学生的不同学习需求和兴趣。这种多样性不仅丰富了学生的学习体验，还激发了他们对计算机科学的深入探索欲望。为了适应不同学生的学习风格和速度，个性化教学引入了丰富的在线教材和学术文献。这包括电子书籍、学术论文、在线课程等。学生可以根据自己的兴趣和学习进度选择合适的教材，实现自主深入学习。个性化教学倡导利用交互式学习平台，通过模拟和实践来加深对计算机概念的理解。这些平台可能包括编程虚拟实验室、在线编程挑战、模拟项目等，为学生提供了一个更实践和动手的学习环境。通过提供实际项目案例，个性化教学使学生能够将所学知识应用到实际问题中。这些案例可能涉及现实生活中的计算机应用，从而使学生更深刻地理解学科知识在实践中的应用。

引入编程挑战和竞赛是丰富个性化学习资源的有效途径。这些挑战可以涵盖不同难度级别，满足不同学生的编程技能水平，激发他们的兴趣，同时提供实际问题的解决方案。通过鼓励学生参与开源项目，个性化教学为他们提供了一个与实际开发社区互动的机会。学生可以选择参与符合自己兴趣领域的项目，通过实际的贡献来深化对计算机科学的理解。个性化教学强调提供实验室项目体验，使学生能够在实际的计算机实验环境中应用所学概念。这样的学习资源可以增强学生的实践能力，培养他们在实验和项目中独立工作的能力。个性化教学利用多媒体资源，包括视频教程、演示文稿、模拟软件等，为学生提供多样化的学习途径。不同形式的媒体能够满足不同学生的学习偏好，提高学科知识的吸收和理解。引入实际行业案例有助于将学科知识与实际应用场景相结合。个性化教学通过提供丰富的行业案例，帮助学生更好地理解计算机科学在职业领域中的实际应用。个性化教学允许学生根据自己的学习目标和兴趣选择个性化的学习路径。这包括不同专业领域的深度学习，如人工智能、网络安全、数据科学等，满足学生个体差异的需求。为了更好地指导学生的学习进程，个性化教学使用实时反馈和评估工具。这些工具帮助学生了解自己的学习情况，根据反馈调整学习策略，从而更好地利用多样化的学习资源。通过提供这样多样化的学习资源，个性化教学不仅满足了学生的个体需求，也激发了他们对计算机科学的主动探索和深入学习的热情。这种学习方式有助于培养学生的独立思考和解决问题的能力，为其未来在计算机领域的发展奠定坚实基础。

三、引入个性化学习计划

在计算机教学创新中，引入个性化学习计划是一项关键策略，旨在满足学生个体差异，激发他们对计算机科学的浓厚兴趣，促进更深层次的学习。个性化学习计划不仅考虑了学生的学科兴趣和学习风格，还充分利用现代技术手段，为学生提供了更加灵活、贴近实际需求的学习路径。个性化学习计划首先关注学生的学科兴趣。通过与学生充分沟通，了解他们对计算机科学领域的兴趣和热情，教师可以根据这些信息制订个性化的学习计划。这使得学生更愿意投入学习，因为他们能够在感兴趣的领域中深入研究。每个学生都有自己独特的学习风格，有些人更适应视觉化学习，而有些人则更喜欢听觉学习。个性化学习计划考虑了这些差异，通过提供多样化的学习资源，满足不同学生的学习偏好。这包括文字教材、图像和图表、视频教程等，确保每个学生都能以最适合自己的方式学习。个性化学习计划还关注学生对学科深度和广度的需求。对于那些对特定方向充满热情的学生，计划可能更加深入，并提供更多专业领域的学科知识。而对于那些更倾向于广泛了解计算机科学的学生，计划则可能更加全面，覆盖多个相关领域。个性化学习计划还允许学生根据自己的学习速度制定进度。一些学生可能需要更多时间来深入理解某些概念，而另一些学生可能能够更快地掌握相同的内容。通过个性化学习计划，教师可以根据学生的实际情况调整学习进度，确保每个学生都在适当的水平上学习。

个性化学习计划鼓励将实际项目和案例集成到教学中。这些项目和案例可以根据学生的兴趣和专业方向进行选择，使学生能够在实际问题中应用所学知识。这种实践性的学习方式不仅提高了学生的学科应用能力，还增加了学习的乐趣。现代技术的运用是个性化学习计划的关键。学生可以通过在线平台获取学习资源，利用互动式学习工具进行实践，通过网络平台与教师和同学进行实时互动。这为学生提供了更加灵活的学习环境，能够适应不同时间和地点的学习需求。个性化学习计划借助实时反馈机制，使教师能够更好地了解学生的学习情况。通过定期的评估和反馈，教师可以调整个性化学习计划，确保学生在学习过程中不断得到指导和支持，从而更好地实现学科知识的消化和掌握。个性化学习计划强调学习目标的制定与达成。学生与教师一同设定学习目标，并在学习过程中进行自我评估。这种目标导向的学习方式激发了学生的学习动力，使其更加专注于实现个人学业目标。个性化学习计划不仅关注学科知识的传授，还注重学生个人职业发展规划。通过与学生共同制订个人发展计划，教师能够更好地指导学生在计算机领域中找到自己的定位，并为未来的职业生涯做好充分准备。尽管是个性化学习计划，但也鼓励社交学习和合作。学生可以通过小组项目、讨论和互助学习，在合作中共同探讨和解决问题，提升团队协作能力。引入个性化学习计划是计算机教学创新中的一大亮点。它不仅考虑了学科兴趣、学习风格、学科深度和广度等多个方面的个体差异，还充分利用现代技术手段，为学生提供了更灵活、更符合实际需求的学习路径，促使他们在计算机科学领域实现更全面和深入的发展。

四、实施个性化评估和反馈

在计算机教学创新中，实施个性化教学策略的一个关键方面是建立个性化的评估和反馈机制。这一策略通过更深入、更个体化地了解学生的学习需求和表现，旨在提供有针对性的指导，激发学生的学习兴趣，并推动他们在计算机科学领域的深度发展。在个性化教学策略中，首先需要为每个学生制定个性化的评估目标。这涉及与学生深入交流，了解他们的学科兴趣、学习目标及个人强项和弱项。通过明确定义个性化的评估目标，教师能够更好地为学生提供精准的指导和反馈。个性化教学注重采用多元化的评估方式，以全面了解学生的学科掌握情况。除了传统的考试和测验外，还可以包括项目评估、实际任务完成、参与度、小组合作等多方面的评估因素。这样的多元化评估方式更能全面反映学生的实际能力和综合素养。引入实时评估和反馈工具是个性化教学策略的重要组成部分。这可以包括在线测验、实时投票系统、学习管理系统等。通过这些工具，教师能够及时获取学生的学习进度，为每个学生提供实时、精准的反馈，及时调整教学策略以满足个体差异。个性化评估也鼓励学生参与自我评估。学生可以参与制定学习目标，并定期自行评估自己在这些目标上的表现。通过对个人学习目标的达成情况进行反思，学生能够更好地了解自己的学习需求，并在反馈中找到改进的方向。

每位学生在不同学科掌握上存在差异，因此个性化教学注重采用差异化的反馈策略。针对学生的具体问题和优势，提供特定、有针对性的建议和指导。这种差异化的反馈有助于激发学生的学习兴趣，使他们更有动力地投入学科学习。利用现代技术，建立技术辅助的反馈机制是个性化评估的关键。通过学习管理系统、数据分析工具等技术手段，教师能够更全面地分析学生的学习数据，为每位学生提供更具体、更个性化的反馈。个性化评估强调目标导向，反馈不仅仅局限于错误的指正，更注重帮助学生更好地理解和达成学习目标。反馈内容应该清晰、具体，并给予学生明确的改进建议，使他们更加明确下一步的学习方向。对于涉及实践项目的学习，个性化评估可以通过针对项目的具体反馈来实现。这包括项目执行过程中的表现、解决问题的能力、创新性思维等方面的评估，帮助学生更好地理解项目实践中的优势和不足。通过个性化评估，教师可以更精准地了解每个学生的学科水平和学习需求。基于这些了解，可以调整个体学习计划，为每位学生提供更加个性化的学习路径，确保他们能够在适当的难度水平上学习，从而更好地发展自己的潜力。个性化评估还可以涉及家长的参与。通过与家长共同讨论学生的学习情况，分享个性化评估结果，建立家校沟通桥梁。这样的反馈机制有助于学生在学校和家庭之间形成更加协同的学习支持体系。实施个性化评估和反馈机制是计算机教学创新的关键一环。通过深入了解每位学生的学习需求、个性特点和学科兴趣，教师能够更有针对性地为其提供反馈和指导，促使学生在计算机科学领域取得更好的学习效果。

第三节　问题解决策略

一、技术问题解决策略

在计算机教学创新中，有效解决技术问题是确保教学顺利进行的重要环节。技术问题的解决策略需要以师生的技术能力、硬件设备的使用及在线教学工具的运行为核心。在计算机教学创新中，技术问题的解决策略至关重要，它涵盖了教学过程中可能出现的各种技术障碍，包括软硬件故障、网络连接不稳定，以及学生和教师对新技术的适应等方面。为确保技术不成为教学创新的阻碍，需要采取一系列科学有效的策略来解决这些问题。为了提高教师和学生的技术水平，应该实施系统的技术培训计划。这个计划不仅包括基础的计算机操作技能，还应该涵盖教学所需的专业软件和在线工具的使用方法。通过定期的培训课程，教师和学生可以更加熟练地操作各类技术工具，提高应对技术问题的能力。建立专业的技术支持团队是解决技术问题的关键。这个团队可以由技术专家组成，负责解决教学过程中遇到的各种技术难题。为了更加及时有效地解决问题，可以设立在线技术支持渠道，让教师和学生可以随时随地获取帮助。此外，技术支持团队还可以定期发布技术常见问题解决方案，帮助用户自主解决一些常见的技术疑问。创建在线技术帮助文档和视频教程也是解决技术问题的实用手段。这些文档和视频可以包括软件的安装步骤、故障排查方法、在线工具的使用技巧等内容。通过这些资源，教师和学生可以在遇到问题时迅速找到解决方案，提高自主解决问题的能力。为了更好地适应技术变革，需要关注新技术的发展趋势，并在教学中及时应用。定期的技术更新和升级可以提高系统的稳定性，减少技术故障的发生。同时，教师可以参与技术社区和在线论坛，与同行交流经验，获取解决技术问题的最新方法。在技术问题的解决中，除了以上提到的主动性措施，还要建立起一种积极的技术问题反馈机制。教师和学生应该鼓励在遇到技术问题时及时报告，这有助于技术支持团队更迅速地了解问题，并提供相应的解决方案。另外，可以设立技术问题解决案例库，将每次解决的问题和经验进行记录，为今后的技术支持提供参考。解决计算机教学创新中的技术问题需要一系列全面而有效的策略。通过培训、技术支持、在线资源和及时反馈，可以更好地应对各种技术挑战，确保计算机教学创新能够顺利进行，为学生提供更好的学习体验。

二、差异化学习需求解决策略

在计算机教学创新中，针对学生差异化的学习需求，制定有效的解决策略显得尤为重要。差异化学习需求可能涉及学科水平、学习风格、兴趣和学习能力等方面的多样性。为了更好地满足每位学生的个体差异，可以采取一系列策略来优化教学过程。实施个性化学习计划是解决差异化学习需求的重要一环。通过深入了解每位学生的学科水平和学科兴趣，教师可以调整教学内容、难度和进度，确保每个学生都在适当的学习阶段。这涉及定期的学生评估，以确保个性化学习计划的有效性和实施。提供丰富的学习资源，以满足不同学生的需求。这包括扩展阅读材料、在线课程、实践项目等多样的学习资源。通过提供多元化的学习资源，学生可以根据自己的兴趣和学科水平选择适合自己的学习材料，从而更好地实现个性化学习。在教学过程中，引入自适应学习平台和教学工具是解决差异化学习需求的另一有效途径。这些平台可以根据学生的学习表现和进展，智能地调整教学内容和难度，以适应不同学生的学科水平和学习进度。这种个性化的学习方式有助于提高学生的学习效果和学科兴趣。通过实施实时反馈机制，教师可以更好地了解学生的学习表现，及时发现并解决差异化学习需求中的问题。实时反馈可以包括定期的小测验、作业反馈、参与度评估等方式，确保教师在教学过程中能够及时调整教学策略，满足学生的个体差异。为了进一步加强个性化学习的实施，还可以鼓励学生参与自我评估。通过设立学习目标、自我评价和反思的机制，学生可以更清晰地认识自己的学科水平和需求，从而更主动地参与到个性化学习计划中。建立协作和互助的学习氛围也是解决差异化学习需求的关键。通过组织小组合作项目、学科讨论会和互助学习小组，学生可以相互学习、分享经验，促使共同成长，同时也增加了学科整合和团队协作的机会。差异化学习需求的解决策略需要综合考虑学科水平、学习风格和兴趣等多个方面的因素。通过个性化学习计划、多样化学习资源、自适应学习平台和实时反馈机制等手段的综合运用，可以更好地满足学生的个体差异，推动计算机教学创新的良性发展。

三、沟通和合作问题解决策略

在计算机教学创新中，解决沟通和合作问题是确保教学顺利进行的关键。这一方面涉及师生之间的有效沟通，另一方面涉及学生之间的协作和互助。为了建立良好的沟通渠道和促进学生间的合作，需要采取一系列综合策略。建立多元的沟通渠道是解决沟通和合作问题的基础。通过使用在线聊天工具、电子邮件、视频会议等多样的通信方式，教师可以更灵活地与学生进行沟通。同时，设立在线办公时间，提供实时答疑服务，使得学生在遇到问题时能够及时得到帮助，确保沟通的及时性和有效性。引入协作项目是促进学生合作的有效方式。通过设计小组项目和任务，鼓励学生在团队中分享知识、解决问题，培养团队协作和沟通技能。此外，结合在线协作工具，如共享文档、团队项目管理工具等，有助于学生实现跨地域协作，提高协作效率。在解决沟通问题的同时，还需要关注文化差异和语言障碍对合作的影响。通过鼓励多元文化交流、设计多语言支持的工具和资源，可以减少由于文化和语言差异而导致的沟通障碍，为全球范围内的学生提供更友好的学习环境。定期组织在线讨论会议和互动活动是促进沟通和合作的有效途径。通过组织学科讨论、解答疑难、分享经验等活动，学生能够更深入地理解教学内容，同时在讨论中培养批判性思维和团队协作的能力。为了更好地监督和评估学生的合作表现，可以引入同学互评和小组评价机制。通过建立透明的评价标准，鼓励学生对团队成员的贡献进行评价，从而激发积极性、促进平等合作。教师应该充分发挥自身在学科知识和教学经验上的优势，通过在线社区和平台分享教学资源和经验，与同行进行教学交流。这样不仅有助于教师之间的专业成长，也为学生提供了更广泛的学科视角。通过这些综合的沟通和合作问题解决策略，可以打破地域限制，激发学生的学习兴趣，建立更为紧密和有效的教学关系。这有助于提高教学质量，推动计算机教学创新的发展，培养具有团队协作和跨文化沟通能力的计算机专业人才。

四、更新和适应新技术策略

在计算机教学创新中，及时更新和适应新技术是确保教学始终具有活力和领先性的重要方面。这一策略涵盖了教师及学校对新技术的积极关注、不断学习和灵活应用，以便为学生提供与时俱进、创新性的学习体验。以下是解决更新和适应新技术问题的关键策略。教师应定期参与专业发展培训，以了解最新的计算机科学知识和教学技术。这包括参加行业会议、研讨会、在线课程等形式的培训。通过与同行的互动和专家的交流，教师能够及时了解新兴技术的趋势和应用，不断充实自身专业知识。鼓励教师参与在线社区和专业网络，分享教学经验和获取最新的教学资源。在这些平台上，教师可以与来自不同地区和背景的同行交流观点，共同研究解决教学中遇到的问题，推动教学创新的实践。这种开放式的合作有助于打破地域限制，促使教学策略更具全球视野。将新技术融入教学实践是更新和适应新技术的核心。教师可以通过引入虚拟现实、人工智能、区块链等前沿技术，增加教学的多样性和趣味性。利用互动性强的教学工具、在线实验室等，激发学生的学科兴趣，提高他们对新技术的理解和应用能力。推动教育科技与学科知识的融合也是适应新技术的关键。教育科技的快速发展为创新的计算机教学提供了丰富的资源和工具。教师可以积极借助在线学习平台、数字教材、自适应学习系统等，将新技术有机融入到学科知识的传授中，提高教学效果。教育机构还应当投资于更新先进的硬件设备和软件工具，确保学校的技术基础设施能够满足新技术的应用需求。这包括提供高性能计算机、虚拟实验室设备、云计算资源等，为教师和学生提供更好的学习和教学环境。制定教学策略的同时要保持灵活性，不断调整和优化。新技术的应用可能带来一系列挑战和变化，教师需要根据实际教学情境灵活调整策略，确保教学目标能够更好地达成。通过这些综合的策略，可以更好地解决计算机教学创新中可能面临的更新和适应新技术的问题，推动教育领域朝着更为现代

第四节　项目和任务导向策略

一、实际应用项目设计

计算机教学策略的创新之一是项目和任务导向策略，其中实际应用项目设计成

为激发学生学习兴趣和提高实际操作能力的重要手段。通过设计具体的实际应用项目，教育者能够将理论知识与实际应用相结合，使学生在解决真实问题的过程中深刻理解计算机科学的实际应用价值。实际应用项目设计强调将计算机科学知识应用于解决实际问题。在这种策略下，学生不再仅仅是理论的接受者，而是成为问题解决者和创新者。例如，在一个软件开发课程中，学生可能被要求开发一个实用的移动应用程序，如社交媒体平台、健康管理工具或在线学习应用。这样的项目设计不仅要求学生掌握编程技能，还需要他们理解用户需求、设计用户界面，并解决实际应用中可能遇到的问题。实际应用项目设计提供了一个更贴近行业实践的学习环境。通过模拟真实的项目经验，学生能够在相对安全的教育环境中学习并体验与行业相关的挑战。这种设计使得学生更容易适应将来在职业领域中可能遇到的问题，增强他们的实际操作能力。这也为学生提供了展示他们技能和创意的机会，促使他们更深入地投入到项目中。实际应用项目设计培养了学生的创新思维。在解决实际问题的过程中，学生被鼓励提出新颖的想法、寻找创新的解决方案。这种培养创新思维的方式有助于激发学生的求知欲望，使他们不仅仅局限于课堂上所学的知识，还能够通过自己的努力去发现和创造。在项目和任务导向的实际应用项目设计中，学生还能够体验到跨学科合作的重要性。很多实际应用项目需要与其他领域的专业知识相结合，例如，与设计专业的学生合作开发用户界面，或者与市场营销专业的学生合作进行市场调研。这种跨学科合作不仅培养了学生的综合能力，还为他们未来的职业生涯提供了更广泛的发展机会。实际应用项目设计作为计算机教学策略的一部分，通过提供具体的、真实的问题解决情境，激发了学生的学习热情和实际动手能力。这种策略不仅培养了学生的计算机科学技能，还促使他们在解决实际问题的过程中培养了创新思维、团队协作和跨学科合作的能力。

二、开放性问题解决

项目和任务导向策略的创新之一是通过开放性问题解决的方式激发学生的独立思考和创新能力。这种策略注重培养学生在实际问题解决中的综合能力，使他们能够更好地应对未知和挑战。开放性问题解决的过程涉及对问题的深入分析、寻找解决方案的创造性思考及有效沟通和表达能力的培养。开放性问题解决强调学生在解决问题过程中的主动性和独立思考能力。与传统的教学模式不同，开放性问题并不提供明确的解决路径，而是让学生自主探索和决策。例如，在一个计算机网络课程中，学生可能面临一个开放性问题，需要设计一个安全而高效的网络架构，以适应特定的业务需求。这样的问题鼓励学生自己调查和研究，培养了他们主动学习和解决实际问题的能力。开放性问题解决鼓励学生跨学科思考和整合知识。解决实际问题往往需要综合不同领域的知识，包括计算机科学、数学、工程等。通过开放性问题解决，学生能够更好地将所学的知识应用于实际情境，拓宽他们的知识面。例如，一个与人工智能相关的开放性问题可能涉及计算机科学、心理学和伦理学等多个学科，促使学生综合运用各种知识。开放性问题解决培养了学生的创新思维。在解决开放性问题的过程中，学生被鼓励寻找独特的、创新的解决方案。这不仅涉及技术上的创新，还包括解决问题的方法和思考角度的创新。学生在这个过程中培养了对问题不同视角的敏感性，使他们更具有创造性和前瞻性。在开放性问题解决的教学模式下，学生还能够培养批判性思维和问题分析的能力。他们需要深入了解问题的本质，提出合理的假设，并通过实践验证这些假设。这种分析和验证的过程有助于学生培养逻辑思维，使他们能够更好地应对未知的挑战。开放性问题解决作为项目和任务导向策略的一部分，通过培养学生的主动性、综合能力和创新思维，为他们未来在复杂、多变的职业环境中的成功奠定了坚实的基础。这种策略将学生从传统的知识接收者转变为问题解决者和创新者，为他们的职业发展提供了更广阔的空间。

三、创业项目模拟

项目和任务导向策略中的创业项目模拟是一项旨在培养学生创新和实际应用技能的策略。通过模拟创业过程，学生将在一个模拟的商业环境中，从构思产品到实施计划，体验并学习创业的方方面面。这种策略强调实践性、团队协作、市场意识和创新精神的培养。创业项目模拟突出了实践性学习。在这个模拟过程中，学生不仅是纸上谈兵，而是需要深入思考并负责实际的决策。例如，在一个创业项目模拟中，学生可能被要求构思并规划一个新型的软件产品，考虑到市场需求、竞争环境、财务规划等方面。这样的实践性学习使学生能够更好地理解和运用所学的计算机科学知识。创业项目模拟鼓励学生进行团队协作。在创业过程中，很少有一个人能够完成所有的工作。学生可能需要在一个小组中共同合作，分工明确，每个人负责特定的任务。这样的团队协作培养了学生的沟通和合作技能，使他们能够更好地适应未来工作中的团队协作环境。创业项目模拟注重培养学生的市场意识。创业不仅是关注技术，还涉及市场需求、竞争分析、用户体验等方面。在模拟中，学生需要了解目标市场，分析竞争对手，并确定产品的独特卖点。这样的市场意识培养了学生的商业敏感性，使他们更具有市场洞察力。创业项目模拟培养了学生的创新精神。在创业过程中，学生被鼓励提出新颖的想法、寻找独特的解决方案。这样的创新思维培养了学生对问题的不同视角的敏感性，使他们更有创造性和前瞻性。创业项目模拟为学生提供了一个安全的实践环境。模拟的特点意味着学生可以在不承受真实风险的情况下尝试和失败，从中学到经验教训。这种实践环境培养了学生的决策能力和适应能力，使他们在未来真正的创业中更具备自信和准备。创业项目模拟作为项目和任务导向策略的一部分，通过实践性学习、团队协作、市场意识和创新精神的培养，为计算机科学专业学生提供了更全面的发展机会。这种策略使学生更好地理解计算机科学在实际应用中的角色，为他们未来在科技行业或创业领域中的成功奠定了坚实的基础。

四、定期展示和评估

项目和任务导向策略中的定期展示和评估是一种注重学生实际表现和成果的评估方式。这种策略不仅为学生提供了展示他们的项目和任务成果的机会，同时也促使他们在整个学习过程中保持高效的学习态度。定期展示和评估通过定期的展示活动，为学生提供了一个展示他们项目和任务成果的平台。这有助于激发学生的学术积极性，让他们意识到他们的学习不仅是为了老师的评分，更是为了在同学和专业领域中展示自己的能力。例如，在一个软件开发课程中，学生可以定期展示他们的项目进展，演示软件原型，接受同学和教师的反馈。定期展示和评估鼓励学生保持高效的学习态度。由于需要定期展示成果，学生在整个学期中都需要保持项目的进展，不能等到最后一刻才着手完成。这样的学习策略促使学生分阶段地进行学习和任务完成，有助于培养他们的计划和组织能力。学生知道他们的工作将会在展示中被公开评估，因此他们更有动力去深入学习、解决问题和完善项目。定期展示和评估提供了及时的反馈机制。学生在每次展示后都能够得到同学和教师的反馈，了解自己的优势和不足。这种及时的反馈不仅有助于学生在项目中纠正错误和改进，还促使他们在学习过程中形成更加完善的理解和技能。例如，在一个数据库设计项目中，学生的每次展示都可以包括对数据库结构的合理性和性能的评估，以及在同学和教师的建议下进行调整和改进。定期展示和评估有助于培养学生的沟通和表达能力。在每次展示中，学生需要清晰地表达他们的项目目标、解决方案和取得的成果。这样的实践促使学生不仅能够深入了解自己的项目，还能够有效地向他人传达自己的想法。这种沟通和表达的能力在未来的职业生涯中尤为重要。定期展示和评估作为项目和任务导向策略的一部分，通过提供学术展示的机会、激励学生保持高效学习态度、提供及时反馈和培养沟通能力，为学生的全面发展和未来职业发展奠定了

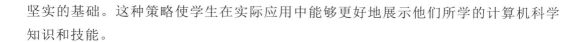

坚实的基础。这种策略使学生在实际应用中能够更好地展示他们所学的计算机科学知识和技能。

第五节　技术整合策略

一、多样化的技术工具应用

技术整合策略的多样化技术工具应用是计算机教学中的一项创新，旨在通过整合各种技术工具，提升教学效果，激发学生的学习兴趣，以及更好地满足多样化的学习需求。在现代计算机教学中，多样化技术工具的应用成为促进学生全面发展的关键因素。首先，在线学习平台的引入为学生提供了灵活的学习环境。通过在线学习平台，学生可以随时随地访问教学资源、参与讨论和完成作业。这种便捷性不仅有利于学生高效利用碎片化时间学习，也打破了传统教室的时空限制，为学生提供更加灵活的学习机会。虚拟实验室的运用丰富了实践性学习的手段。虚拟实验室通过模拟真实环境，使学生能够在安全、可控的情境下进行实验和实际操作。例如，在计算机网络课程中，学生可以通过虚拟实验室配置网络设备、模拟攻击和防御等场景，提升他们的实际操作技能，加深对网络原理的理解。教学软件的广泛应用为个性化学习提供了可能。通过各类教学软件，教师可以根据学生的学科兴趣和水平，选择适当的教学内容和难度，实现个性化教学。这不仅能够满足学生不同的学习需求，还能够激发学生对计算机科学的兴趣，提高学习动力。多媒体资源的引入丰富了教学内容的表达形式。图像、音频、视频等多媒体资源能够生动形象地呈现抽象的计算机概念，帮助学生更直观地理解复杂的技术内容。例如，在数据结构课程中，通过多媒体演示可以生动地展示各种数据结构的应用场景和操作过程，提高学生对数据结构的理解。社交媒体的应用拓展了学生与学生、学生与教师之间的互动。通过社交媒体，学生可以参与到实时的讨论中，分享学习心得、提出问题，形成学习社区。这种互动不仅促进了同学之间的合作与交流，还使得教师更及时了解学生的学习情况，为个性化指导提供基础。多样化技术工具的应用是技术整合策略的核心，它不仅为学生提供了更加灵活、便捷、实践性的学习环境，也为教师提供了更丰富、有趣、个性化的教学手段。这种创新性的技术整合策略助力计算机教学更好地适应当今信息时代的教育需求，培养出更具创新精神和实际操作能力的计算机科学专业人才。

二、实践性学习工具的运用

技术整合策略中实践性学习工具的运用是为了激发学生的实际动手操作和解决实际问题的能力。通过运用虚拟实验室、模拟软件、实际项目等工具，学生能够在模拟的真实环境中应用计算机科学知识，提高他们在实际问题中解决方案的能力。虚拟实验室作为实践性学习的工具，在计算机教学中发挥着重要作用。通过虚拟实验室，学生可以在虚拟环境中进行各种实验，模拟计算机系统的运行、测试软件应用等场景。例如，在操作系统课程中，学生可以通过虚拟实验室体验不同的操作系统环境，了解各种操作系统的功能和特性，提高他们对操作系统的实际操作技能。模拟软件的应用为学生提供了更具挑战性和实际性的学习体验。通过模拟软件，学生可以参与到复杂的计算机系统设计、网络配置、编程任务等模拟项目中，体验真实项目的开发过程。例如，在数据库课程中，学生可以使用模拟软件设计和优化数据库结构，模拟实际的数据库管理过程，提高他们在数据库领域的实际操作能力。实际项目的引入使学习更具实践性和综合性。通过参与真实项目，学生能够将所学知识应用于解决实际问题，培养解决实际挑战的能力。例如，在软件工程课程中，学生可以组成团队，负责一个真实的软件开发项目，从需求分析到系统实现全流程参与，锻炼他们的团队协作和项目管理能力。实践性学习工具的运用不仅在课堂内，还可以通过实习和实地考察来拓展学生的实践经验。学生有机会在真实的工作环境中应用所学的计算机科学知识，与行业专业人士合作解决实际问题。例如，在计算机网络课程后，学生可以参与到企业的网络维护工作中，了解和解决实际网络问题，提高他们的实际应用能力。实践性学习工具的运用不仅能够加强学生的实际操作技能，也有助于培养学生解决问题的能力、团队协作的能力及创新思维。通过将理论知识与实际应用相结合，实践性学习工具的运用使学生更好地理解和掌握计算机科学的实质，为他们未来的职业发展打下坚实的基础。这一创新性的技术整合策略不仅促进了学生的全面发展，也有助于满足计算机科学领域对于实际操作和解决实际问题能力的需求。

三、跨时空学习的促进

技术整合策略突破传统教育的时空限制，通过在线教育平台、远程协作工具和社交媒体等技术手段，实现学生在任何时间、任何地点进行学习和互动。在线教育平台为跨时空学习提供了便捷的学习途径。学生可以通过网络随时随地访问教学资源、观看教学视频、参与在线讨论等学习活动。这种灵活性不仅方便了学生安排学习时间，也有助于他们在自己的节奏下深入学习课程内容。例如，学生可以在家中、图书馆或咖啡店等任何地方通过在线平台学习编程、数据库等计算机科学课程。远程协作工具的运用促进了学生在不同地点之间的协同学习。通过视频会议、实时聊天工具等技术手段，学生能够进行远程团队项目、互动讨论，实现异地协同。这不仅拓展了学生的学习社交圈，还锻炼了他们的团队协作和远程沟通的能力。例如，在软件开发课程中，学生分布在不同地区的团队可以通过远程协作工具共同完成一个项目，实现跨地域的协同学习。社交媒体的运用为学生提供了在线社区，促进了学生之间的实时互动。学生可以通过社交媒体平台分享学术资讯、参与讨论、提问解答等，形成学科共同体。这种实时互动不仅有利于学生之间的知识交流，还使教师更容易与学生保持沟通。例如，在一个专门的计算机科学社交媒体群组中，学生可以及时分享学术新闻、互相解答问题，形成一个在线的学习社区。虚拟现实和增强现实技术的应用为跨时空学习提供了更加沉浸式的体验。学生可以通过虚拟现实设备参与虚拟实验、演练技能，或者通过增强现实技术将计算机模型投影到实际场景中进行学习。这种技术的应用使学生能够在虚拟的环境中获得更加真实的学习体验，增强他们的学科理解和实际应用能力。通过跨时空学习的促进，学生不再受制于传统教育模式的时空限制，更能够根据自己的节奏和需求进行学习。这种技术整合策略不仅为学生提供了更加灵活、便捷的学习方式，也推动了计算机教育的创新发展。同时，跨时空学习也培养了学生自主学习、跨文化沟通和全球协作的能力，为他们未来的职业发展奠定了更为广阔的基础。

四、个性化学习体验

技术整合策略中的个性化学习体验是为了满足学生多样化的学习需求和兴趣，通过教学软件、智能辅助系统和个性化评估等技术手段，实现个性化学习路径、内容和进度的定制。教学软件的个性化定制为学生提供了根据自身水平和兴趣选择学习内容的机会。通过学习平台的个性化推荐系统，系统可以根据学生的学科偏好、学习历史等因素，智能地推荐适合其水平和兴趣的课程和教材。这种定制化的学习路径可以使每位学生在自己的舒适区域内学习，提高学习的效果和兴趣。例如，在编程课程中，学生可以通过教学软件选择适合自己编程水平的题目，根据自己的兴趣选择相关的编程语言。智能辅助系统通过个性化的学习支持和反馈，帮助学生更好地理解和掌握知识。通过分析学生的学习行为和表现，系统可以生成个性化的学习建议，提供针对性的辅导和资源。例如，当学生在数据库课程中遇到难题时，智能辅助系统可以提供定制化的解题方案、额外的练习和相关解释，以满足不同学生的学习需求。个性化评估系统的应用使学生能够根据自己的进度和掌握程度进行学习。通过定期的个性化评估，系统可以根据学生的表现调整学习计划，提供更加贴近实际水平的学习内容和任务。例如，在机器学习课程中，个性化评估系统可以根据学生在实验和项目中的表现，调整难度和深度，确保每位学生在适当的阶段得到挑战和支持。通过个性化学习体验的技术整合策略，不仅满足了学生多样化的学习需求，也提高了他们的学习效果和学科兴趣。这一创新性的教学策略不仅为学生提供了更灵活、个性化的学习环境，也推动了计算机教育的发展，培养了更具创新能力和自主学习能力的计算机科学专业人才。

第六节　跨学科教学策略

一、综合课程设计

跨学科教学策略中的综合课程设计旨在通过整合不同学科的知识和技能，创建具有全面视野和综合能力的学习体验。这种创新性的教学方法不仅拓展了学生的学科广度，还促使他们更好地应对复杂的现实问题。综合课程设计通过整合计算机科学与其他相关学科，创造了更为真实和复杂的学习场景。例如，在人工智能课程中，可以结合心理学、哲学和伦理学等学科，使学生在研究智能系统的同时，深入思考其对社会、伦理和人类行为的影响。这样的综合设计有助于学生超越传统学科界限，形成更为综合的学科认知。综合课程设计鼓励学生涉足不同学科领域，培养他们的多元思维和综合分析能力。在项目中，学生可能需要运用计算机科学、数学、工程学、文学等多个学科的知识，解决一个综合性的问题。这种综合性的学习方式不仅培养了学生的团队合作意识，也使他们更加全面地理解问题及其解决方案。综合课程设计强调实际应用，使学生能够将理论知识应用于解决真实世界的问题。通过与其他学科的交叉，学生可以参与解决具体的挑战，如设计一个结合计算机科学和医学的健康应用程序。这样的设计不仅增强了学生的实际应用能力，还促使他们更深入地思考技术与社会的互动。综合课程设计还可以提供更多的创新机会。通过与其他学科专业的师资和同学合作，学生能够接触到来自不同领域的思维和观点，从而激发创新灵感。例如，在计算机科学与设计专业的跨学科项目中，学生可以与艺术家、工程师和市场营销专业的同学合作，创造出结合技术、美学和市场需求的创新产品。综合课程设计也为学生提供了更好的职业发展准备。现实世界中的问题往往是多学科、复杂性的，通过参与综合课程设计，学生能够培养更全面的技能，更好地适应未来职场的需求。这不仅对学生的终身学习和职业发展具有深远意义，也有助于他们更好地应对不断变化的社会和行业。

综合课程设计作为跨学科教学策略的一部分，通过整合不同学科的知识和技能，为学生提供了更为全面、实际和创新的学习体验。这一策略不仅推动了学科之间的融合，也培养了学生更为综合、全面的思维方式，为他们未来的职业发展打下了更为坚实的基础。

二、项目驱动学习

项目驱动学习是一种跨学科教学策略，通过以实际项目为核心，将不同学科的知识与技能有机结合，培养学生解决实际问题的综合能力。这种创新性的教学方法旨在打破传统学科的壁垒，促使学生在实际项目中应用计算机科学知识，同时涵盖其他学科的内容，使学习更具深度和综合性。项目驱动学习强调实践应用，通过参与项目，学生能够将课堂学到的知识实际运用于解决实际问题。例如，在一个计算机网络项目中，学生可能需要设计和实现一个网络系统，这要求他们不仅了解计算机网络的基本理论，还需要应用编程、网络安全和系统管理等多方面的技能。这样的实际应用能够加深学生对知识的理解，培养他们的实际动手能力。项目驱动学习促进了不同学科之间的融合。在项目中，学生可能需要涉及计算机科学、工程学、管理学等多个学科领域。例如，在一个软件开发项目中，学生除了需要编写代码，还需要进行需求分析、项目管理、用户体验设计等工作。这样的综合性学习有助于打破学科的界限，培养学生的跨学科思维和团队协作能力。项目驱动学习注重学生自主学习和问题解决能力的培养。在项目中，学生通常需要面对未知的挑战和问题，需要主动寻找解决方案。这种自主学习的过程锻炼了学生的自主性、创造性和解决问题的能力。例如，在一个人工智能项目中，学生可能需要研究新的算法或技术，从而更好地完成项目的任务。项目驱动学习还培养了学生的团队协作和沟通能力。在一个项目中，学生通常需要组成团队，分工合作，共同完成项目目标。这样的合作模式使学生更好地理解团队协作的重要性，提高了他们在团队中的沟通、协商和领导能力。例如，在一个软件开发项目中，学生可能分工负责不同的模块，需要协调工作，确保整个系统的协同运作。项目驱动学习为学生提供了更贴近职业实践的经验。通过参与真实项目，学生能够更好地了解职业领域的要求和期望，为将来的就业做好充分准备。例如，在一个人工智能应用项目中，学生可以模拟开发一款实际应用的过程，提高他们在职业领域中的竞争力。项目驱动学习作为一种跨学科教学策略，通过实际项目的开展，使学生更深刻地理解和应用计算机科学知识，同时培养了综合能力、团队协作和解决问题的能力。这一策略不仅丰富了学生的学科经验，也更好地迎合了现代职业对于综合素质的需求，为培养具有实际应用能力的计算机科学专业人才提供了有效途径。

三、创建跨学科团队项目

创建跨学科团队项目是一种创新的跨学科教学策略，通过将不同学科的学生组成团队，共同参与一个综合性的项目，实现知识和技能的跨界融合。这种策略旨在培养学生的跨学科思维、团队协作和问题解决能力。创建跨学科团队项目强调学科之间的互补性，通过将来自不同专业领域的学生汇聚在一起，构建具有多元视角的团队。例如，一个项目团队可能包括计算机科学专业的学生、设计专业的学生及商务管理专业的学生。这样的多元团队结构有助于在解决实际问题时融合各种专业知识，使学生更全面地思考和解决问题。创建跨学科团队项目注重培养学生的团队协作精神。在团队项目中，学生需要相互合作、分享资源、共同制订计划，形成协同工作的能力。通过与来自不同学科背景的同学一起工作，学生能够更好地理解并尊重团队中每个成员的专业贡献，提高团队协作的水平。例如，在一个数字化创意媒体项目中，设计师可以与程序员协同工作，以实现设计理念与技术实现的有机结合。创建跨学科团队项目倡导问题导向的学习，强调解决实际问题的能力。通过团队合作解决真实世界的挑战，学生能够更深入地理解问题的本质，提高问题解决的能力。例如，在一个可持续城市规划项目中，计算机科学专业的学生可以负责开发智能城市管理系统，与环境科学专业的学生合作解决城市环境可持续性的问题。创建跨学科团队项目提供了模拟职业环境的机会，培养学生在真实工作场景中所需的综合能力。在项目中，学生需要面对项目周期管理、资源分配、沟通协调等职业技能的挑战，使他们更好地适应未来职业发展的需求。例如，在一个数字化市场推广项目中，学生可能需要制定市场策略、设计广告素材、进行数据分析等多方面工作。创建跨学科团队项目为学生提供了实际项目经验，增强了他们的就业竞争力。学生参与的项目可以成为个人简历中的亮点，展示他们在实际项目中的贡献和经验。这有助于学生更好地与潜在雇主沟通，并为他们未来的职业生涯奠定坚实的基础。创建跨学科团队项目作为跨学科教学策略，通过构建多元团队、培养团队协作、强调问题导向学习等方式，为学生提供了丰富的学科体验和实际项目锻炼。这种策略不仅有助于拓展学生的学科视野，还促使他们在团队中培养出更为全面的能力，为未来职业发展打下坚实基础。

四、建设交叉领域的导师团队

建设交叉领域的导师团队是一项创新的跨学科教学策略，旨在为学生提供跨学科、全方位的指导和支持。通过将来自不同学科背景的导师组成团队，学生可以在其专业领域之外获取更广泛的知识和技能。建设交叉领域的导师团队强调专业知识的交叉与整合。每位导师来自不同学科领域，例如计算机科学、设计、商务管理等，形成一个多元化的导师团队。这使得学生在学术指导中能够接触到来自不同领域的专业知识，从而更全面地理解问题、解决挑战。例如，在一个数字化创新项目中，计算机科学专业的导师可以提供技术支持，设计专业的导师可以提供界面美学建议，商务管理专业的导师可以辅助项目的市场分析。建设交叉领域的导师团队促进学生的跨学科思维。学生在接受跨学科导师的指导时，不仅能够深入研究自己的专业领域，还能够拓展视野、接触其他学科的知识。导师团队的跨学科性质使得学生更容易形成整体性的思维方式，能够将不同学科的知识融合运用，更好地解决跨领域问题。例如，在一个智能城市规划项目中，学生既需要了解计算机科学领域的智能技术，也需要了解城市规划和可持续发展的理念。建设交叉领域的导师团队提供了个性化的指导与关注。由于导师团队涵盖多个领域，学生可以选择与自己专业相关的导师进行深度指导，同时也能够在其他领域获得辅助性的指导。这种个性化的指导模式有助于满足学生不同层次、不同需求的学习要求。例如，一位计算机科学专业的学生可以得到计算机科学导师的深度指导，同时也可以借助设计专业导师提供的设计思维指导。建设交叉领域的导师团队创造了更多的机会进行团队合作与交流。导师团队的成员不仅在学术研究中进行合作，还能够共同参与项目的指导和管理。这种团队合作的模式有助于学生在团队协作中培养沟通、协调和领导能力，更好地适应未来职业中的团队工作。例如，在一个人工智能应用项目中，学生可以在导师团队的协助下，形成具有技术、设计和商业维度的全面团队合作。建设交叉领域的导师团队为学生提供了更广泛的职业发展视野。学生在与不同领域的导师交流合作的过程中，可以更全面地了解各个领域的职业发展机会，为未来的职业规划提供更多元化的选择。例如，在导师团队中，学生可以通过商务管理导师了解到与技术结合的创业机会，通过设计导师获得与创意产业相关的职业信息。建设交叉领域的导师团队作为一种跨学科教学策略，通过整合不同学科领域的导师资源，为学生提供了更丰富、更个性化的学习体验。这种策略有助于培养学生的跨学科思维、团队协作和问题解决能力，为他们更好地适应未来复杂多变的职业环境奠定了基础。

第九章

计算机教学的创新与未来趋势

第一节　技术创新在计算机教育中的角色

一、学习角色

在计算机教育中，技术创新在学习角色上扮演着至关重要的角色。学习不再局限于传统的教室和教材，而是融入了创新的技术手段，为学生提供了更为个性化、灵活、实践性的学习体验。技术创新为计算机教育注入了个性化学习的理念。通过智能化学习平台和学习管理系统，学生能够根据自身的学习风格、兴趣和水平，制定符合个体差异的学习路径。智能辅助教学系统利用大数据和机器学习技术，分析学生的学习数据，为每位学生提供定制的学习内容和个性化的学习建议，从而更好地满足学生的学习需求。技术创新为学生提供了更多实践性学习的机会。虚拟现实和增强现实技术使学生能够在模拟的环境中进行实际操作和实践，无需真实的物理设备。例如，计算机网络课程中可以通过虚拟网络实验室进行网络配置和故障排除，为学生创造更真实、安全、可控的实践场景，提高实际应用能力。技术创新打破了地域的限制，使得学习可以脱离传统教室的束缚。远程学习平台和在线协作工具使学生能够随时随地参与学术讨论、合作项目等活动。通过视频会议、在线讨论板等工具，学生能够与全球范围内的同学和专业人士进行交流，拓展视野，获取多元化的观点，培养跨文化、跨领域的合作精神。

技术创新强调学生的自主学习和探索精神。在线学习平台提供了丰富的学习资源，包括视频教程、电子书籍、在线测验等，学生可以根据自己的兴趣和需求，自主选择学习内容和学习进度。计算机编程课程中，学生可以通过在线编程平台进行实时的编码实践，培养解决问题的主动性和创新思维。技术创新使得学生能够获得即时的反馈和个性化的辅导。智能化的评估系统能够实时分析学生的学习表现，为学生提供详细的评估报告，并根据学生的弱点和需求提供个性化的学科辅导。这种即时反馈机制有助于学生及时调整学习策略，提高学习效果。技术创新推动了计算机教育与其他学科的跨学科整合。例如，计算机与艺术、医学、商业等领域的融合教育。通过跨学科的学习，学生能够培养更为综合的思维方式，将计算机技术应用于不同领域，培养创新思维和解决复杂问题的能力。技术创新使得学生可以根据自己的学习进度和水平，获得自适应的学习路径和资源推送。学习管理系统根据学生的学习历史和能力水平，智能推荐适合的学习资料、课程和项目，使学生更加高效地学习。技术创新引入了更多的可视化学习工具和互动体验。例如，通过交互式的模拟软件，学生可以在计算机网络课程中实时观察数据包的传输过程，加深对抽象概念的理解。可视化工具有助于激发学生的兴趣，提高学习的生动性和实效性。技术创新在计算机教育中的学习角色不仅拓展了学习的方式和途径，更注重培养学生的自主学习能力、实践能力和跨学科整合能力。这些创新为学生提供了更为丰富、灵活和个性化的学习体验，促进了计算机教育的不断发展和学生能力的全面提升。

二、互动角色

在计算机教育领域，技术创新在互动角色方面扮演着至关重要的角色。互动性是有效教学的核心要素之一，而技术创新则为创造性、多元化的互动提供了无限可能。技术创新引入了实时在线互动平台，为计算机教育提供了全球范围内的实时交流和互动机会。通过视频会议、实时聊天等工具，学生可以随时随地与教育者和同学进行互动，分享观点、提出问题，促进深度学习和知识交流。这种实时互动扩展了传统课堂的时空限制，为学生创造了更为开放、灵活的学习环境。技术创新将虚拟实验室引入计算机教育，为学生提供了丰富的实践和互动体验。通过虚拟实验室，学生可以模拟各种实际场景，进行实验和操作，而无需真实的物理设备。这种互动方式使学生能够在安全、可控的环境中进行实践，促进实际操作技能的培养，同时加强学生对理论知识的理解。技术创新为计算机教育提供了丰富的在线协作工具，促进学生之间的合作与互动。通过共享文档、在线编辑平台等工具，学生可以协作完成项目、讨论问题，共同构建知识体系。这种协作互动培养了学生的团队合作精神和沟通能力，同时拓展了学生的思维广度。技术创新引入了虚拟角色扮演，将计算机教育融入更具趣味性和互动性的体验中。学生可以在虚拟环境中扮演不同的角色，模拟真实场景中的决策和交流，从而培养解决问题的能力和决策思维。这种互动方式既提高了学生的学习积极性，又增加了学习的趣味性。技术创新为计算机教育提供了在线实时问答平台，使学生能够随时向教育者提出问题并获得及时的回答。这种形式的互动促使学生主动参与学习过程，解决疑惑，提高对知识的理解和掌握。教育者也可以及时调整教学内容，满足学生的学习需求。

技术创新通过实时反馈机制，使教育者能够更全面地了解学生的学习状态。基于学习数据和分析结果，教育者可以为每位学生提供个性化的指导，帮助他们解决困难、加深理解。这种互动方式有助于提高教学效果，使学生更加有针对性地学习。技术创新在计算机教育中引入了多媒体元素，丰富了教学内容，提高了学习的吸引力。通过交互式的多媒体教学，学生可以参与到虚拟场景中，与教学内容进行互动。这样的互动体验使学生更容易理解抽象概念，加深对知识的印象。技术创新为计算机教育创造了更加便捷和高效的小组讨论与合作方式。在线协作平台和社交媒体工具使学生能够方便地组建小组，进行实时的讨论和项目合作。这种互动方式培养了学生的团队协作和沟通技能，提高了问题解决的效率。技术创新将游戏化元素引入计算机教育，通过设立任务、奖励机制和排名激发学生的学习积极性。学生可以通过游戏化的方式参与学习，与同学竞争，达到一种有趣的互动效果。这种互动方式提高了学生的学习动力，促进了知识的深度消化。技术创新在计算机教育中的互动角色涵盖了多个方面，包括实时在线互动、虚拟实验室体验、在线协作工具等。这些互动方式不仅拓展了学习的形式，更激发了学生的学习兴趣，促进了教学效果的提升。通过不断创新互动方式，计算机教育将更好地适应学生的需求，培养更具创造力和实践能力的计算机专业人才。

三、评估角色

在计算机教育中，技术创新在评估角色方面发挥着至关重要的作用。传统的教育评估主要依赖于纸质考试和定期测验，而技术创新为教育评估引入了更加全面、灵活、个性化的方法。技术创新允许教育者通过实时学习数据分析学生的学习过程。在线学习平台和教育软件收集大量学习数据，包括学生的学习进度、时间分配、答题情况等。通过这些数据，教育者能够更准确地了解每位学生的学术表现和学习特点，为个性化教学提供数据支持。技术创新为教育者提供了实施个性化评估和反馈的机会。智能化学习管理系统通过分析学生的学习数据，能够为每位学生提供个性化的评估报告和反馈意见。这种个性化的评估不仅更符合学生的实际水平和需求，同时也帮助学生更好地理解自己的学习状态，调整学习策略。技术创新推动了计算机教育评估方式的多元化。除了传统的考试和测验外，学生还可以通过项目作业、在线实践、参与度、讨论贡献等多种方式进行评估。这种多元化的评估方式更全面地反映了学生的能力和学科素养，有助于更准确地评估学生的整体表现。技术创新引入了虚拟实验室和模拟项目，为学生提供实践性评估的机会。通过虚拟实验室，学生可以在虚拟环境中进行实际操作和实验，教育者可以直观地评估学生的实际操作技能。模拟项目则允许学生在模拟的实际项目中应用所学知识，从而评估学生在实际项目中的综合能力。技术创新使得即时反馈成为可能，教育者可以根据学生的实时表现进行及时评估。通过分析学习数据和在线实践，教育者能够了解学生在特定知识点上的理解情况，并及时调整教学策略，满足学生的学习需求。这种即时反馈机制促使教育者更灵活地适应学生的学习进度。

技术创新引入了自动化评估工具，通过计算机程序对学生的作业、编程项目等进行评估。自动化评估工具能够在短时间内对大量学生作业进行评分，减轻了教育者的负担，同时提高了评估的效率。这种方式还能够确保评估的客观性和公正性。技术创新使得在线实时问答和讨论成为评估学生参与度和贡献的有效手段。学生通过在线平台提出问题、参与讨论，这些贡献也可以作为评估学生参与度和主动学习的重要依据。教育者通过观察学生在实时互动中的表现，更全面地了解学生的学术能力和沟通能力。技术创新使得教育者可以分析学生对教学资源的使用情况，包括在线教材、学习视频、编程工具等。通过了解学生的学习过程，教育者可以评估教学资源的有效性，调整和优化教学内容，提升整体教学质量。技术创新为教育提供了大数据分析的能力，通过分析大量学生数据，教育者能够识别学生的学科趋势和特征。这种数据驱动的评估方式不仅有助于更好地理解学生群体的整体特点，还能够预测学生可能面临的困难，提前采取措施进行干预。技术创新在计算机教育中的评估角色不仅提高了评估的准确性和全面性，还促使了教育方式的创新和发展。通过利用技术创新的手段，教育者可以更好地理解学生，更有效地调整教学策略，为学生提供更为个性化和有针对性的学习体验。这种评估角色的变革有望进一步推动计算机教育的发展，培养更适应未来社会需求的计算机专业人才。

四、管理角色

在计算机教育领域，技术创新扮演着重要的管理角色，对整个教育过程的组织、协调和监控发挥着关键作用。技术创新通过学科资源管理系统，实现对各类教育资源（如在线教材、学习工具、实验室资源）的集中整合和有效利用。这使得教育者能够更好地掌握各种资源的使用情况，提高资源的可访问性，确保学科资源的及时更新和维护，从而为学生提供更为丰富、先进的学习体验。技术创新引入了先进的在线学习平台，通过课程管理系统实现了对课程的灵活管理。教育者可以轻松地创建、编辑和更新课程内容，实时监控学生的学习进度，提供在线作业和考试，以及即时反馈。这种在线学习平台优化了课程管理流程，提高了教育者对学生学业的监管能力。技术创新支持建立学生信息管理系统，方便教育者追踪学生的学术表现、课堂参与度和个人发展。通过这一系统，教育者能够及时获取学生的个性化信息，更好地了解学生的学业需求，为个性化教学提供数据支持，使教学更加贴近学生的需求。技术创新推动了自动化评估工具的广泛应用，使得教育者能够更高效地进行学生作业和考试的评估。这种自动化评估工具不仅提高了评估的速度和准确性，也为教育者释放了更多时间，让他们能够专注于更深层次的教学工作，提升了管理效率。

技术创新引入了大数据分析工具，帮助教育者更好地理解学生的学习趋势。通过分析学生的学习数据，这些工具能够发现学生的学科偏好、学习风格和可能的困难点。这为教育者提供了有力的支持，使他们能够根据学生的趋势预测调整教学计划，提前进行个性化的学术干预。技术创新引入了实时在线互动平台，为教育者提供了更灵活、全球性的学术互动工具。通过管理这些平台，教育者可以定期组织在线会议、策划学术活动、进行学科讨论。这种实时在线互动管理有助于拓宽学生的学术视野，促进学术社区的建设和交流。技术创新支持在线实时问答与讨论的管理，使得教育者能够更好地组织学科讨论、回答学生问题，并管理学生之间的互动。这种实时互动管理有助于提高学生参与度，促使学生深度思考，也为教育者提供了更直接的与学生互动的机会。技术创新在计算机教育中扮演着重要的安全管理角色。通过确保在线学习平台的安全性，管理者可以防范网络攻击、保护学生信息，维护学术秩序。隐私保护是技术创新中一个不可忽视的方面，教育者需要保障学生的个人信息安全，遵循相关法规和政策。技术创新的广泛应用要求教育者具备相应的技术能力，因此，管理者需要提供技术培训和支持。这包括对教育者的培训，使其熟练掌握教育技术的使用，以及对学生的培训，使其能够熟练使用在线学习工具。这样的培训和支持有助于提升整个教育团队的技术水平。技术创新在计算机教育中的管理角色是多方面的，包括学科资源管理、在线学习平台管理、学生信息管理等。这些创新不仅提高了教育的效率和质量，也为管理者提供了更多的工具和手段，使他们能够更好地组织、监督和支持教育过程。这一管理角色的强化有助于推动计算机教育的发展，为学生提供更为优质的学习体验。

第二节　未来计算机教育的趋势与发展方向

一、更加侧重于人工智能的学习和应用

未来计算机教育的发展将深受人工智能（AI）的影响，这一趋势将引领教育领域

进入一个更加智能化、个性化的时代。随着 AI 技术的不断成熟和应用，计算机教育将经历深刻的变革，推动学生在未来社会中更好地适应、创新和发展。AI 技术将广泛应用于计算机教育中。通过智能化的学习系统，学生可以获得个性化的学习路径和定制化的教学内容，根据个体的学科特点和学习风格进行智能匹配。这种个性化学习将激发学生的学习兴趣，提高学习效果。人工智能在课程设计和教学策略中的应用将成为未来计算机教育的重要方向。通过分析大量学生数据，教育者可以更好地了解学生的学科特点和学习路径，从而优化课程设计。智能教学策略的应用也将更加灵活，根据实时学习情况调整教学方法，使教学更加贴近学生的需求。AI 技术还将推动实践性学习和项目驱动教学的发展。通过模拟实验、虚拟实景等技术，学生可以在虚拟环境中进行实际项目的设计和实施，提高解决实际问题的能力。这种 AI 驱动的实践性学习将更贴合职业需求，使学生更好地应对未来工作挑战。AI 的整合也将加强跨学科教育。计算机科学将与其他学科融合，例如计算机与医学、计算机与艺术等，培养学生更为全面的知识结构和解决实际问题的能力。这种跨学科的整合有助于培养具备综合素养的人才，能够更好地适应未来的多元化社会。未来计算机教育还将强调自主学习和自适应学习。AI 将为学生提供个性化的学习计划和资源推荐，促使学生更积极地参与学习，培养独立思考和问题解决的能力。同时，智能化的教育评估和反馈系统将更全面、客观地评估学生的学术表现，为教育者提供更为精准的反馈，推动学生的全面发展。在未来的计算机教育中，人工智能还将在教育决策和管理中发挥关键作用。通过大数据分析，人工智能可以为学校提供更科学的招生、教学和管理决策支持，提高教育资源的利用效率。伦理教育也将成为未来计算机教育的一项重要任务。学生将学习如何正确、负责任地使用和开发人工智能技术，考虑到伦理、隐私和社会责任等方面的问题。这有助于培养学生在人工智能时代的公民责任感。全球人工智能教育的合作与交流将更为强化。学生和教育者可以通过互联网参与全球性的 AI 项目、研究和合作，促进全球范围内的人才培养和知识共享。未来计算机教育将更加深入地融合人工智能技术，通过创新性的教学方法和工具，培养学生面对未来社会的挑战所需的技能和素养。这一发展方向将推动计算机教育迈向更为智能、创新和可持续的未来。

二、更加注重培养学生的创新能力和解决问题能力

未来计算机教育的发展将更加注重培养学生的创新能力和解决问题能力，以适应日益复杂和快速变化的社会需求。这一趋势将深刻影响教学理念、课程设计和教学方法，致力于培养具备跨学科知识、创造性思维和实际问题解决技能的计算机专业人才。未来计算机教育将强调跨学科知识的融合。学生将被鼓励学习并应用其他学科领域的

知识，例如人文科学、社会科学和自然科学等，以拓宽视野、增强综合素养。这样的综合教育将培养学生在解决实际问题时更具创造性和全面性。创新型思维将成为计算机教育的核心。学生将在课程中接触到创新的理念和方法，通过实际项目和案例研究培养创新思维。教育者将鼓励学生思考不同的解决方案，培养他们在未知领域中迅速适应和创新的能力。未来计算机教育还将重视实际问题解决能力的培养。课程将强调将学到的理论知识应用到实际场景中，通过项目驱动的教学方法，学生将有机会参与真实世界的问题解决过程，培养他们的实际操作技能和解决复杂问题的能力。强调团队合作和沟通技能也将是未来计算机教育的一大特点。学生将参与多学科的团队项目，学会与不同专业背景的同学协作，从而培养团队协作、沟通和领导技能。这种合作模式有助于学生更好地适应未来工作环境中的团队协作要求。未来计算机教育还将加强实践性学习和实习机会的安排。学生将有更多机会参与实际项目，积累实习经验，将理论知识与实际经验相结合。这种全面的实践性学习有助于学生更好地理解专业知识的实际应用，提高解决实际问题的实际能力。AI 技术将在未来计算机教育中发挥积极作用。智能化的学习系统和辅助工具将根据学生的学习情况提供个性化的支持，促进其创新能力和问题解决能力的发展。这种个性化的学习模式将更好地满足学生的个体差异，推动他们的学术进步。未来计算机教育将致力于培养学生更为全面的素养，包括跨学科知识、创新思维、实际问题解决能力等。通过全面提升学生的综合素质，计算机专业人才将更好地应对未来社会的挑战，为科技创新和社会发展做出积极贡献。

三、更加注重学生终身学习能力的培养

未来计算机教育的趋势将更加注重培养学生终身学习能力，以适应科技快速发展和职业需求不断变化的挑战。随着社会的不断进步，计算机教育不再仅仅是为学生提供一定阶段的知识，更是致力于培养他们具备持续学习、自主思考和适应新技术的能力。未来计算机教育将强调学习方法的培养。学生将学会更有效地获取和管理信息，掌握各种学习工具和资源。教育者将注重培养学生的学习兴趣和自主学习的能力，使其能够主动追求新知识和技能。计算机教育将倡导跨学科的学习。学生将学习与其他学科领域的知识融合，拓宽视野，提高解决问题的能力。这样的综合性学习模式有助于培养学生更全面的思维和分析问题的能力，使其能够在不同领域中灵活应对。未来计算机教育还将强调实际问题解决和项目实践。通过参与真实世界的项目，学生将学到更多实际应用的技能，培养解决实际问题的能力。这种实践性学习使学生更好地理解理论知识的实际应用，为未来职业发展奠定基础。未来计算机教育将倡导自主学习和自主思考。学生将被鼓励提出问题、寻找答案，并形成自己的见解。这种自主性的

学习方式有助于培养学生批判性思维和创新性思考，使其能够在复杂的问题中独立分析和解决。终身学习的理念将贯穿整个计算机教育的过程。学生将不断更新自己的知识和技能，适应不断变化的职业需求。教育者将提供多样化的学习资源和机会，帮助学生保持学习的动力和热情。技术的整合也将支持终身学习的实现。通过智能化的学习系统和在线学习平台，学生可以根据自己的需求选择学习内容和学习时间，实现更为灵活和个性化的学习体验。在未来计算机教育中，学生将不再只是知识的接收者，更是学习的主体和实践者。通过培养终身学习的能力，他们将能够更好地适应未来社会的挑战，为自身的职业发展创造更多可能性。这一趋势将使计算机教育更具有前瞻性和可持续性，为学生提供更丰富的学习体验和更广阔的发展空间。

四、开源教育资源

　　未来计算机教育的趋势将向开源教育资源的广泛应用和推广发展。开源教育资源是指通过开放、免费获取的教育内容、工具和平台，其核心理念是为了促进知识的分享、合作和共享，为学习者提供更为灵活、多样的学习机会。开源教育资源将促进教育的普及和平等。通过开放获取的教育内容，学生可以自由地获取丰富的学习资源，无论其身处何地、社会地位如何。这有助于缩小不同地区、社会群体之间的教育差距，为更多人提供高质量的学习机会。开源教育资源将推动教育创新。教育者和学生可以自由地使用、修改和分享教育内容，创造更适应当地和个体需求的教学材料。这种开放的创新环境有助于教育领域更好地适应不断变化的学习需求和技术发展。未来计算机教育还将强调开源教育平台的建设。这些平台将提供在线学习课程、教材、编程工具等多样化的资源，为学生提供便捷的学习途径。教育者可以在这些平台上分享他们的教学经验和创新成果，形成教育社群，推动知识的共享与传播。开源教育资源也将促进合作与联动。教育机构、企业和社会组织可以在开源平台上合作开发教育内容，共同推动教育事业的发展。这种开放的合作模式将促进教育体系更好地与社会和产业需求相匹配。技术的发展将为开源教育资源的推广提供更强大的支持。通过人工智能、大数据分析等技术，开源平台可以更好地理解学生的学习需求，为其提供个性化的学习建议。这种智能化的辅助将使学习更为高效和个性化。在未来计算机教育中，开源教育资源将成为培养学生创新精神、实践能力和自主学习能力的有力工具。通过充分利用这些资源，学生将能够在自己的学习过程中更为灵活地选择学习路径，深入参与实际项目，获得更为全面和实用的知识。这一趋势将使计算机教育更加开放、民主，为学生提供更为多样和贴近实际的学习体验。

五、更加强调全球合作与交流

未来计算机教育的趋势将更加强调全球合作与交流，以促进国际的教育资源共享、知识互通和全球人才的培养。随着科技的迅猛发展和全球化的推进，计算机教育将逐步走向跨国界、跨文化的合作模式，为学生提供更广阔的学术视野和更丰富的学习体验。全球合作将成为计算机教育的重要特征。学校、教育机构、企业和社会组织将加强国际合作与交流，共同推动计算机教育的发展。这种合作形式有助于整合全球的优质教育资源，为学生提供更多元化的学习机会。国际化的教育内容和课程设计将得到强化。教育者将更加注重引入国际视野和跨文化元素，使课程更贴近全球化背景。学生将有机会学习来自不同国家、不同文化的计算机技术发展历程和应用案例，拓宽自己的学科认识。未来计算机教育还将倡导学生参与全球性的项目和竞赛。通过参与国际性科技竞赛、开源项目和实践性活动，学生将更好地了解全球前沿技术和行业动态，培养与国际同行竞争和合作的能力。在线教育和远程学习将为全球合作提供更便捷的手段。学生可以通过在线平台参与国际性的合作项目，与来自世界各地的同学共同学习和合作。这种虚拟合作环境有助于打破地域限制，促进全球人才的培养。全球化还将加强计算机教育与产业的深度融合。教育机构将与全球知名企业建立更紧密的合作关系，共同开发实际应用项目和实习机会。这种产学合作将有助于培养学生更符合国际标准和产业需求的人才。国际化的师资队伍将得到进一步加强。学校将引入来自不同国家的优秀教育者，促进教学理念和方法的多元化。同时，教育者将有更多机会参与国际学术会议和交流活动，提高教育水平和教学质量。未来计算机教育将更加强调全球合作与交流，通过国际合作提升教育质量、丰富学生学术体验。这一趋势将使学生更好地适应全球化的社会和科技环境，为他们的职业发展和全球性问题的解决提供更为广泛的视野和更多的机会。

第三节　教育技术公司与学校的合作案例

在当今数字化时代，计算机教育领域的教育技术公司与学校的合作成为推动教育创新的重要动力。这种合作不仅为学校提供了先进的教育技术工具，更为学生和教师创造了数字化学习和教学的全新体验。在这个前沿领域，以谷歌教育与学校的合作为例探讨分析它们是如何共同构建未来教育的。随着科技不断演进，教育技术公司与学校的合作案例为我们提供了一个深入思考教育未来的窗口。数字化教育不仅仅是技术

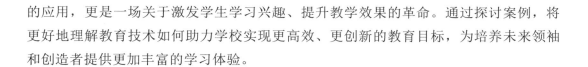

的应用，更是一场关于激发学生学习兴趣、提升教学效果的革命。通过探讨案例，将更好地理解教育技术如何助力学校实现更高效、更创新的教育目标，为培养未来领袖和创造者提供更加丰富的学习体验。

一、合作内容

（一）谷歌课堂的推广

在谷歌教育与学校的合作中，谷歌课堂的推广成为一项引领数字教育潮流的关键步骤。该平台的设计和推广过程旨在为教师和学生提供更为便捷、高效的在线学习和协作环境。谷歌课堂作为在线学习和协作平台的核心，充分整合了谷歌的文档、表格、幻灯片等工具，为教育机构打造了一站式数字教学解决方案。教师可以在同一平台上创建、分发和管理教学资源，而学生则能够在云端轻松获取并提交作业。这种集成性的设计不仅简化了教学流程，还提高了师生之间的互动与反馈效率。推广过程中，谷歌教育注重了教师的参与和培训。为了让教师更好地理解和掌握谷歌课堂的功能，谷歌提供了专门的培训计划，覆盖了平台的基本使用、教学案例分享及高级功能的深入探讨。这样的培训不仅使教师们更加熟练地应用谷歌课堂，还激发了教育工作者对数字化教学的热情和创新意识。同时，谷歌教育通过举办线上研讨会、教育峰会等活动，积极宣传和分享谷歌课堂在其他学校中的成功应用案例。这种宣传方式不仅拓展了谷歌课堂的影响力，也为其他学校提供了借鉴和学习的机会，形成了一个数字教育的社群共享经验。整个推广过程取得的成果是显著的。谷歌课堂的应用使学校实现了数字化教学的飞跃，为学生提供了更加灵活、便捷的学习体验。教师通过在线评估和实时反馈工具更好地个性化教学，提高了教学质量。学校管理层通过谷歌课堂的数据分析功能更好地了解了教学和学生学习的状况，为决策提供了更为准确的依据。因此，谷歌教育与学校合作推广谷歌课堂的经验不仅为数字化教育提供了成功的范例，也为其他教育科技公司和学校合作提供了有益的启示。通过科技创新和教育深度融合，共同助力教育事业实现更为卓越的发展。

（二）谷歌套件教育版的应用

谷歌教育与学校的深度合作中，谷歌套件教育版的应用成为改革教育模式、提升学校教学和管理效能的关键一环。谷歌套件教育版是谷歌教育专为学校和教育机构设计的一套强大工具，包括谷歌文档、谷歌表格、谷歌幻灯片等多种应用。其应用在学校中的推广，从根本上改变了传统教学和学校管理的方式。谷歌套件教育版提供了高效的协作平台。谷歌文档使教师和学生能够实时协作编辑文件，无论身处何地都能进行即时互动。谷歌表格为教育数据的收集和分析提供了便捷的工具，促进了学校对学生学习进展的更深层次了解。而谷歌幻灯片的在线共享功能则使教学内容能够随时随地与学生共享，推动了信息共享的无缝化。谷歌套件教育版强调了教育的个性化。谷歌课堂作为谷歌套件教育版的核心应用之一，为教师提供了一个集中管理学生学习过程的平台。教师可以通过谷歌课堂发布作业、实时评估学生表现，并提供即时反馈。这使得教学更加灵活，能够更好地满足学生的个性化学习需求，促使学生更深入地参与学习。谷歌套件教育版加强了学校的数字化管理。通过谷歌云平台，学校可以更加安全地存储和管理教育数据，降低了数据丢失和信息泄露的风险。教育机构能够更好地利用数据进行决策，提高教学和管理效能。在推广过程中，谷歌教育积极进行培训和支持。他们为教师提供在线培训资源，帮助其快速上手和充分发挥谷歌套件教育版的功能。这种培训机制不仅让教师更好地运用这些工具，还增强了他们对数字化教育的接受和认同。谷歌套件教育版的应用推动了数字化教育的发展，为学校教学和管理带来了深刻的变革。这种深度整合技术与教育的合作模式为学校提供了更多可能性，同时也为学生创造了更为丰富和创新的学习体验。

（三）Chromebook 的使用

谷歌教育与学校的合作中，Chromebook（网络笔记本）的广泛应用成为推动数字化教育的关键因素，为学校提供了高效、安全、便捷的学习工具。Chromebook 作为一种基于云计算的轻便笔记本电脑，与谷歌教育的服务天然契合。首先，Chromebook 的操作系统 Chrome OS 以云为基础，使学生和教师能够无缝访问谷歌的各种教育应用，如谷歌文档、谷歌表格、谷歌幻灯片等，实现了学校教育资源的云端存储和共享。Chromebook 具备快速启动和高度安全的特性。学生可以在极短的时间内启动设备，更加迅速地投入学习。Chromebook 的安全性得到谷歌的强化支持，通过自动更新和安全检测，有效抵御了潜在的网络威胁，保障学校教育环境的安全性。在教育过程中，Chromebook 的轻巧设计和长续航时间为学生提供了更加灵活的学习方式。学生可以随时随地使用 Chromebook 进行学习，无需受到时间和地点的限制，促进了学习的主动性和积极性。同时，通过 Chromebook 的多用户登录功能，不同学生可以共享同一设备，节省了学校的硬件投资成本。在推广过程中，谷歌教育通过向学校提供培训和支持，确保教师和学生能够充分利用 Chromebook 的功能。这种全方位的支持不仅提高了教师对数字化教学工具的应用水平，也让学生更好地融入数字化学习环境。谷歌教育与学校合作推广 Chromebook 的使用，实现了数字化教育工具与硬件设备的有机结合。Chromebook 的广泛应用使学校能够更好地适应数字时代的教学需求，为学生提供更为便捷、安全和灵活的学习体验。这一合作模式为学校提供了未来数字化教育的先进解决方案，为学生创造了更为创新和富有活力的学习环境。

（四）在线培训和技术支持

在谷歌教育与学校的深度合作过程中，在线培训和技术支持被视为关键环节，为教师和学校工作人员提供了必要的知识和技能，确保数字化教育工具的充分发挥和顺利应用。谷歌教育通过在线培训为教师提供了广泛的学习资源。这些培训涵盖了谷歌的教育工具，包括谷歌套件教育版、谷歌课堂、Chromebook 等。通过教育者专用的在线平台，教师可以随时随地参与培训，根据自己的学习节奏和需求灵活选择课程。培训内容涵盖了工具的基本操作、高级功能的使用方法及教育场景中的最佳实践，帮助教师更好地掌握和运用数字化教学工具。谷歌教育为教师提供实时的技术支持。通过在线聊天、电子邮件和远程支持等方式，教师可以快速获取关于工具使用和故障排除的帮助。这种实时的技术支持机制不仅提高了教师对数字化教育工具的信心，也解决了在教学过程中可能出现的技术问题，确保了教学的顺利进行。除了教师培训外，谷歌教育还注重向学校管理层和技术支持团队提供相应的资源和培训。学校管理层通过学习数字化教学工具的最新趋势和使用案例，更好地规划学校的数字化发展战略。技术支持团队则通过获得工具的深度技术知识，更好地解决教师和学生在使用过程中可能遇到的技术问题。在整个合作过程中，谷歌教育通过建立丰富的在线教育社区，促使教师和学校之间的经验分享和合作。这种社区机制有助于教育者之间的交流互动，共同应对数字化教学中的挑战，形成共同的教育理念和实践标准。谷歌教育通过在线培训和技术支持，为教师和学校提供了全面的数字化教育解决方案。这一支持体系不仅推动了数字化教育工具的广泛应用，也为教育者提供了不断学习和进步的机会，推动了整个学校数字化转型的成功实施。

二、合作成果

（一）数字化教学提升

谷歌教育与学校的深度合作产生了显著的成果，从多个层面提升了数字化教学水平，为学生和教师创造了更为丰富、灵活且创新的学习环境。数字化教学工具的广泛应用使得教学更加灵活。谷歌课堂、谷歌文档、谷歌表格等工具的整合运用，使教师能够轻松创建和分享教学资源，学生则能够随时随地访问和参与学习。这种云端协作的方式打破了时间和空间的限制，为学生提供了更为灵活的学习机会，促进了学科知识的深度掌握和实际应用。个性化学习得以推动，谷歌教育的工具支持了不同学生的不同学习需求。通过谷歌课堂，教师可以根据学生的学习进度和水平提供定制化的教学内容和任务，使每个学生都能够在适宜的学习步伐下取得进展。这种个性化的教学方式激发了学生的学习兴趣，提高了学习的效果。数字化教学工具的使用促进了学生的主动学习。通过谷歌教育的在线协作平台，学生们能够参与到更为互动的学习过程中。他们可以共同编辑文档、协作解决问题，实现知识的共建共享。这种参与性学习培养了学生的团队合作精神和创新能力，为未来的社会参与和职业发展打下坚实基础。在教学评估方面，数字化教学工具提供了更为便捷和精准的评估手段。谷歌课堂的作业发布、在线提交和实时反馈功能，使教师能够迅速了解学生的学习进度和掌握程度，及时调整教学策略。这种实时反馈不仅提高了教师的教学效率，也为学生提供了更为个性化的学习指导。数字化教学工具的使用使学校管理更为高效。谷歌套件教育版提供了一体化的管理平台，学校管理层可以通过云端系统实时监控教学和管理的各个环节。教育数据的数字化处理为学校决策提供了科学依据，使学校能够更好地规划资源、调整教学结构，提升整体办学水平。通过数字化教学工具的综合应用，学校成功构建了一个数字化的学习生态系统。这一系统涵盖了教学、管理、评估等多个层面，使学生在数字时代充分掌握信息技术的同时，也培养了批判性思维、创新能力和团队协作精神。谷歌教育与学校的合作成果为未来的教育提供了有力的范例，为其他学校的数字化教学提升提供了宝贵的经验和启示。

（二）教学协同与创新

谷歌教育与学校的深度合作成果在于促进了教学协同与创新，为教育领域带来了积极而深远的影响。谷歌课堂的应用极大地促进了教学协同。通过该平台，教师能够轻松地创建和分享教学资源，实现在线协作。教师可以共同编辑教案、设计课程计划，并及时分享给学生。这种协同工作的方式打破了传统的信息孤岛，促进了教师间的资源共享和经验传承。同时，学生在谷歌课堂上也能够共享学习资料、协同完成作业，形成互帮互助的学习社群。谷歌教育提供的一系列工具激发了教学创新。谷歌文档、谷歌表格、谷歌幻灯片等工具的整合应用，使得教师能够更灵活地设计富有创意的教学内容。通过谷歌地球等应用，教师可以将地理知识融入到课堂中，实现地理信息的可视化教学。谷歌艺术与文化应用则为艺术类课程提供了丰富的在线艺术资源，拓展了教学领域。这种创新的教学方式不仅激发了学生的学习兴趣，也提升了教学的趣味性和吸引力。谷歌教育的数字化教学工具推动了跨学科的教学实践。通过整合多种媒体和资源，教师能够更好地将不同学科知识融合在一起，设计跨学科的教学活动。例如，教师可以通过制作谷歌表格调查，让学生了解数学和统计的实际应用；同时，谷歌地球的应用也为地理和历史的跨学科教学提供了便利。这种跨学科的教学方式有助于学生全面理解知识，培养综合性的学科能力。在教学评估方面，谷歌教育提供的实时反馈机制加强了教师对学生学习情况的了解。通过谷歌课堂，教师能够追踪学生的作业进度、查看学生的答题情况，并及时进行评价和反馈。这种及时的评估不仅提高了教师的教学效率，也为学生提供了更为个性化的学习指导，促使其更好地掌握知识。谷歌教育与学校的合作成果在于建立了一个教学协同、创新的数字化学习生态系统。这一系统通过提供全面的数字化教育工具，推动了教育领域的变革和升级。在这个数字时代，谷歌教育的成果为学校提供了更为先进、高效、具有创造性的教学手段，为学生提供了更为有趣、个性化的学习体验。这种深度合作不仅推动了教育模式的创新，也为培养具备创新精神的未来人才奠定了坚实基础。

（三）在线学习灵活性提升

谷歌教育与学校的深度合作成果在于显著提升了在线学习的灵活性，为学生和教师创造了更为便捷、开放且个性化的学习环境。谷歌课堂的推广使在线学习更具灵活性。这个在线学习和协作平台为教师提供了强大的工具，可以轻松创建和分享教学资源，实现在线协作。教师能够根据课程需要随时更新教学内容，灵活调整课程计划，使得学生可以在任何时间、任何地点参与学习。这种灵活性为学校提供了更多在线学习的可能性，也提高了教师的教学效率。谷歌套件教育版的应用加强了在线学习的开放性。谷歌文档、谷歌表格、谷歌幻灯片等工具的整合运用，使得学生和教师可以实时共享、编辑和讨论文档。这种开放的协作方式打破了传统学习的时空限制，学生能够随时参与到在线学习中，展开跨地域的协同学习。教师可以充分利用这些工具设计富有创意的教学活动，激发学生的学习兴趣，培养创新能力。在线学习的灵活性也得益于谷歌会议等在线会议工具的使用。通过视频会议，教师可以实现远程教学，为学生提供更为便捷的学习途径。学生可以根据自己的时间和地点选择参与在线课程，消除了时间和空间的限制，提高了学习的自主性。这种远程教学的方式不仅适应了学生多样化的学习需求，也增强了学校应对特殊情况的应变能力。在个性化学习方面，谷歌套件教育版提供了丰富的工具支持。教师可以根据学生的学习进度和水平，灵活调整教学内容和任务。通过在线学习平台，学生可以根据自己的兴趣和学习速度选择学习路径，个性化地完成作业和项目。这种个性化学习的模式有助于激发学生的学习动力，提高学习效果。通过谷歌教育与学校的合作，在线学习的灵活性得到了全面提升。这种灵活性不仅体现在学习时间和地点的自由选择上，也表现在学习方式和内容的多样性上。谷歌教育的成果使得学生能够更加自主地参与学习，教师能够更加灵活地设计和调整教学计划，为学校构建了一个开放而创新的在线学习生态系统。

第四节　革命性技术对教育的潜在影响

一、资源共享和全球互联

革命性技术对计算机教育的潜在影响之一体现在资源共享和全球互联方面。在当今数字化时代，革命性技术为计算机教育带来了前所未有的资源共享和全球互联的机会。通过互联网和先进的通信技术，教育资源得以迅速传播和共享，打破了地域限制，为学生和教育者提供了更广泛、更丰富的学习和教学资源。革命性技术催生了在线教育平台，这些平台汇聚了来自世界各地的知名教育机构和专业人士的优质课程。学生可以通过互联网随时随地访问这些课程，拓展知识面，提升技能水平。这种资源的共享使得全球范围内的学习者都能够享受到最前沿的教育内容，促进了全球教育的均衡发展。全球互联也为学生和教育者提供了跨文化交流和合作的机会。通过在线协作平台、国际项目等形式，学生可以与来自不同国家和文化背景的同龄人共同学习、合作解决问题。这样的国际交流不仅拓展了学生的视野，还促进了全球教育社区的形成，推动了全球性的学术合作和研究。革命性技术还为教育机构提供了数字化工具，使得教育资源数字化、网络化。电子教材、在线课程、数字图书馆等数字资源得以全球范围内共享，学校和学生可以通过网络获取到来自不同地区和领域的学术研究成果。这样的资源共享有助于提高教育的效益，促使教学内容更加丰富多样。要确保资源共享和全球互联的效果，还需要解决一些挑战，如数字鸿沟问题、网络不平等、跨文化交流的沟通障碍等。通过制定合适的政策、推动技术普及，可以更好地实现全球范围内的教育资源共享和互联。这样，计算机教育将更好地服务于全球学习者，推动教育事业的国际化发展。

二、学生互动性和参与度提升

革命性技术对计算机教育的潜在影响之一在于学生互动性和参与度的显著提升。在计算机教育领域，革命性技术的不断演进为学生的互动性和参与度提供了全新的可能性。传统的课堂模式强调教师对学生的单向传授，而革命性技术引入了多种工具和平台，通过创新的教学方法，促使学生更积极地参与学习过程。虚拟实验和模拟软件的引入使得学生能够在计算机环境中进行实践操作。通过这些虚拟实验，学生可以模拟各种实际场景，进行实际问题的解决，从而提高学习的真实感和参与度。这种互动性的学习方式激发了学生对计算机科学和相关领域的浓厚兴趣。革命性技术为教育提供了在线学习平台和互动工具，例如在线讨论、实时问答等。这些工具打破了传统教育中时间和空间的限制，使学生能够在课堂之外参与学术讨论、与同学共享观点。这种互动性的学习方式不仅加深了对知识的理解，还培养了学生的批判性思维和问题解决能力。智能教辅系统的应用也是提升学生参与度的重要因素。这些系统可以根据学生的学习表现提供个性化的反馈和建议，帮助学生更好地理解知识点。学生通过与这些系统互动，不仅能够更好地理解自己的学习需求，还能够在学习中找到更多的乐趣，从而提高学习的积极性。增强现实（AR）和虚拟现实（VR）技术的应用也为学生提供了更加沉浸式的学习体验。学生可以通过 AR 和 VR 技术参与到虚拟的学习场景中，与学科内容进行更为直观的互动。这种互动性的学习方式使学生更容易理解抽象概念，提高学科学习的效果。革命性技术的引入使得计算机教育更加注重学生的互动性和参与度。通过虚拟实验、在线学习平台、智能教辅系统，以及 AR、VR 技术等手段，学生在学习中更加活跃，从而取得更好的学习成果。这种互动性的教学模式正推动着计算机教育的不断创新和提升。

三、教学资源数字化

革命性技术对计算机教育的潜在影响之一在于教学资源的数字化。随着革命性技术的不断发展，计算机教育逐渐迈入了数字化时代，这对教学资源的数字化提出了新的需求和可能性。教学资源的数字化（见图 9-1）是指将传统的教材、课程内容、学习资料等资源通过数字技术进行转换和存储，使其能够在电子设备上方便地获取和利用。数字化的教学资源具有更广泛的传播渠道。通过互联网和在线平台，学生和教育者可以随时随地访问丰富的数字教学资源，无需受到地理位置和时间的限制。这为学生提供了更灵活的学习方式，使得教育资源能够覆盖更广泛的受众，推动了教育的全球化发展。数字化的教学资源（见图 9-2）具有更新和动态调整的能力。相较于传统的印刷教材，数字教学资源可以更快速地进行更新和修订。教育者可以根据学科发展、科技进步等因素及时调整和更新教学内容，确保学生获取到最新、最前沿的知识。这种动态性的特点有助于提高教育的实时性和适应性。数字化的教学资源支持个性化学习。通过智能化的教育平台和个性化学习系统，学生可以根据自身的学习进度、兴趣和需求定制学习路径。数字化的教学资源可以根据学生的反馈和表现进行智能调整，提供个性化的学习体验，更好地满足学生的学习需求。数字化的教学资源还促进了协作和互动。在线协作平台、虚拟实验室等数字化学习环境（见图 9-3）为学生提供了更多的合作和互动机会。学生可以通过数字资源共享观点、参与讨论、共同解决问题，提高了学生之间的交流和合作能力。数字化的教学资源也面临着一些挑战，如数字鸿沟、隐私保护等问题。因此，在推动教育资源数字化的过程中，需要制定相应的政策和规范，确保数字教学资源的合理、安全、有效使用（见图 9-4）。革命性技术推动了计算机教育的数字化进程，数字化的教学资源为教育带来了更多的机遇和优势。这一趋势助力着教育的创新和提升，为学生提供了更为便捷、灵活、个性化的学习体验。

图 9-1 数字化学习资源

图 9-2 智慧化数字课程资源

图 9-3 数字化学习环境

图 9-4 数字化资源共建共享成果在混合式教学中的应用

四、全球化教育

革命性技术对计算机教育的潜在影响之一在于推动全球化教育。随着革命性技术的迅猛发展，计算机教育正经历着一场全球化的变革。全球化教育是指通过先进的技术手段，跨越地域限制，使教育资源、知识和学习机会能够被全球范围内的学生和教育者共享和利用。计算机技术推动了教育资源的无缝传播。互联网和数字化技术的应用使得学习资源、课程内容、教学材料等可以迅速传播到世界各地。学生和教育者可以通过在线平台，随时随地获取和分享来自全球的教育资源，打破了传统教育中地域的限制。在线学习平台和远程教育工具使得跨国学习成为可能。学生可以选择参与来自世界各地的高质量课程，获得跨文化、跨领域的学习体验。这种跨国学习的机会为学生提供了更广泛的学科选择和多样化的学习体验，有助于培养全球化背景下的复合型人才。全球化教育促进了国际合作和交流。通过虚拟团队项目、在线合作平台等，学生可以与来自不同国家和文化背景的同学协作，共同解决全球性问题。这种跨文化的协作经验有助于培养学生的国际视野、跨文化沟通能力和团队协作能力。数字化技术还加速了国际研究合作和学术交流。学者和研究者可以通过云端合作工具、在线研讨会等方式进行跨国研究合作，共同推动学科领域的发展。这种全球范围内的学术交流促进了知识的共享和创新。全球化教育也面临一些挑战，如跨文化教育差异、语言障碍、数字鸿沟等问题。因此，全球化教育的推动需要综合考虑各种因素，制定合理的政策和策略，以确保全球化教育的可持续发展。计算机教育在革命性技术的推动下正朝着全球化的方向迈进。全球化教育为学生提供了更广泛的学习资源和交流机会，促使教育走向更加开放、多元、全球化的未来。

五、教师专业发展

随着计算机技术的飞速发展，教育领域也迎来了一场数字化的革命，对教师专业发展提出了全新的挑战和机遇。革命性技术为教师提供了丰富的教育工具和资源，同时也要求教师不断提升自己的技术能力和教学方法，以更好地适应数字时代的教育需求。革命性技术为教师提供了多样化的教育工具。从交互式白板到虚拟实验室，从在线学习平台到教育游戏，教师可以通过各种数字工具丰富教学内容，提升课堂的趣味性和互动性。为了充分利用这些工具，教师需要不断学习和掌握新的技术，将其有机地融入到教学实践中。革命性技术推动了个性化教学的实践。通过学习管理系统和智能教育软件，教师可以更好地了解每个学生的学习需求和进度，有针对性地进行个性化指导。这要求教师具备数据分析和个性化教学设计的能力，从而更好地满足学生多样化的学习需求。教师需要不断更新自己的课程设计理念。随着信息技术的不断演进，传统的课程设计已经不能满足当今数字时代学生的需求。教师需要积极探索新的教育模式，如翻转课堂、项目驱动学习等，以更好地激发学生的学习兴趣和创造力。教师还需要发展跨学科的综合素养。计算机技术的广泛应用促使不同学科之间的融合，教师需要具备跨学科的知识和能力，以更好地组织和引导跨学科项目，并培养学生的综合素养。教师专业发展中也面临一些挑战，包括数字鸿沟、教育资源不均等问题。因此，培训机构、学校和政府需要共同努力，提供全面的支持和培训，以确保教师能够更好地适应数字化教育的发展趋势。革命性技术对计算机教育的潜在影响使得教师专业发展变得更为复杂和多元化，但也为教育提供了更为广阔的发展前景。教师应积极适应这一变革，不断提升自身素养，以更好地引领学生迎接数字时代的挑战。

六、数据驱动教学

革命性技术对计算机教育的潜在影响之一在于推动数据驱动教学。随着信息技术的不断发展，计算机教育进入了一个数据驱动的时代。教育领域借助革命性技术的力量，能够收集、分析和利用大量的学生数据，从而实现更精细化、个性化的教学。数据驱动教学成为优化学习体验、提高教学效果的有效手段。数据驱动教学强调个性化学习。通过学习管理系统（LMS）和智能教育软件，教育者能够获取学生的学习数据，了解其学习习惯、知识水平、学科兴趣等信息。基于这些数据，可以制订个性化的学习计划，为每个学生提供量身定制的教育内容和教学方式，最大程度地满足学生的学习需求。数据分析可帮助教育者更好地了解教学效果。通过收集学生的学习表现、测试成绩等数据，教育者可以分析教学过程中的强项和薄弱点，及时调整教学策略，优化教学设计，提高教学效果。这种反馈循环使得教学变得更加灵活和具有针对性。数据驱动教学有助于预测学生学习情况。通过大数据分析，可以发现学生的学科偏好、学习风格等规律，为教育者提供更深入的洞察。这样的信息可以用于预测学生未来的学习需求，提前采取相应的教学策略，以更好地引导学生的学习方向。数据驱动教学也面临数据隐私和安全问题、数据采集的伦理考量等的问题。因此，在推动数据驱动教学的过程中，需要制定相关政策和法规，确保学生和教育者的权益得到充分保护。革命性技术对计算机教育的潜在影响使得数据驱动教学成为可能，为个性化学习、教学优化提供了更为强大的工具。在充分考虑数据隐私和伦理问题的前提下，数据驱动教学将成为未来计算机教育的一项重要发展趋势。

七、教育管理的智能化

随着计算机技术的不断发展，教育管理领域也日益受益于革命性技术的应用，迎来了智能化的时代。智能化的教育管理通过整合大数据、人工智能和云计算等先进技术，为学校、教育机构及决策者提供更高效、精准的管理手段，推动着整个教育体系向着更加科学、智能的方向发展。智能化的教育管理通过大数据分析实现了更精准的资源分配。学校可以通过收集学生、教师、教室等多方面的数据，分析学科偏好、课程负荷等信息，更好地调配人力、物力和财力资源。这有助于提高教学效果，优化教学过程，使得教育资源得到最大程度的利用。人工智能技术为教育管理提供了更为智能的决策支持。通过建立智能决策系统，可以自动分析和处理各类教育管理问题，如招生计划、教学安排、人事管理等。这不仅减轻了管理人员的工作负担，还提高了决策的准确性和效率。云计算技术使得教育管理更加灵活和便捷。教育机构可以将数据、应用和服务迁移到云端，实现信息的共享和协同。这为校园管理、学生档案管理、教学资源管理等提供了更加高效的解决方案，也为远程教育和在线学习提供了更为便捷的支持。智能化的教育管理也面临一些挑战，包括数据隐私保护、系统安全性等问题。在推动智能化的过程中，需要制定相应的政策和法规，确保教育信息得到充分保护，同时提高管理者和决策者对智能技术的理解和应用水平。革命性技术对计算机教育的潜在影响使得教育管理走向了智能化和数字化的时代。未来，随着技术的不断进步，智能化的教育管理将为教育体系的发展提供更为强大的支持，推动教育事业不断迈向更高水平。

参考文献

［1］ 林学梅. 中职计算机高效课堂实施途径的探究与应用［J］. 模具制造，2023，23（12）：88-90.

［2］ 赵佳，张力元，丁言. "新工科"工程教育专业认证背景下计算机专业创新型人才培养研究［J］. 长春工程学院学报（社会科学版），2023，24（02）：89-93.

［3］ 杨树玉. 信息化背景下高校计算机教育教学改革探思［J］. 科技风，2023（17）：109-111.

［4］ 张敬尊，徐光美，王金华，等. 应用型本科计算机科学与技术专业本科毕业设计质量保证方法探索与实践［J］. 科技风，2023（16）：39-41.

［5］ 张莉. 把握新时代计算机教育科学研究新机遇［J］. 计算机教育，2018（05）：20-25.

［6］ 唐永军，成国晖. 高校计算机教育现状分析及改革路径探究［J］. 现代盐化工，2019，46（01）：147-148.

［7］ 罗婷. "互联网＋"时代计算机教育的发展对策［J］. 信息系统工程，2019（03）：176.

［8］ 谢凤. 大学计算机应用基础项目化教学改革的探索与实践［J］. 信息与电脑（理论版），2016（23）：251-252.

［9］ 徐佳丽. 信息化背景下高校计算机教育教学改革的方向和路径［J］. 亚太教育，2016，31：99.

［10］ 刘志忠. 高等教育理论再理论化：内涵、价值与策略［J］. 黑龙江高教研究，2023，41（12）：15-19.

［11］ 邱占林，吴超凡，吴志杰，等. 多方协同育人理念下"3＋1"应用型培养模式改革——以龙岩学院地质工程专业为例［J］. 龙岩学院学报，2019，37（02）：107-113.

［12］ 柳和玲. 引入英国 ILT 课程体系的实践［J］. 中国职业技术教育，2003（30）：47-48.

［13］ 丛佩丽. 人工智能技术应用专业群分层次、模块化教学模式改革研究与实践

[J]．昆明冶金高等专科学校学报，2023，39（05）：45-50.

[14] 朱剑宝．基于模块化的专业课程混合式教学模式改革[J]．时代汽车，2021（23）：124-125.

[15] 王俊．基于"互联网＋"选择型模块化教学模式在远程教育中的实践与探索[J]．中国多媒体与网络教学学报（中旬刊），2019（10）：13-14.

[16] 肖光华．基于机器学习思想的CDIO教学模式研究[J]．济南职业学院学报，2023（05）：46-50.

[17] 张娜，张佰顺，吴言凤．基于CDIO理念的电子技术课程教学改革与探索[J]．电子元器件与信息技术，2023，7（04）：220-224.

[18] 张琛，张新，屠菁，等．应用型高校基于CDIO工程教育理念的智慧课堂教学模式探索——以软件工程概论课程为例[J]．电脑知识与技术，2023，19（06）：165-167，180.

[19] 赵亚琴，蔡晓骝．探讨计算机平面设计教学中的创新实践和未来发展趋势[J]．鞋类工艺与设计，2023，3（17）：163-165.

[20] 沈君全．我国计算机教育的现状及未来发展趋势研究［J］．湖北函授大学学报，2009，22（02）：81-82.

[21] 刘颖．计算机科学技术主页教学实践及其未来发展趋势研究［J］．才智，2013（20）：40.